Bernd Ganser (Hrsg.)
Sandra Kroll-Gabriel

Wochenplan!
Mathe 3/4

Größen und Sachrechnen

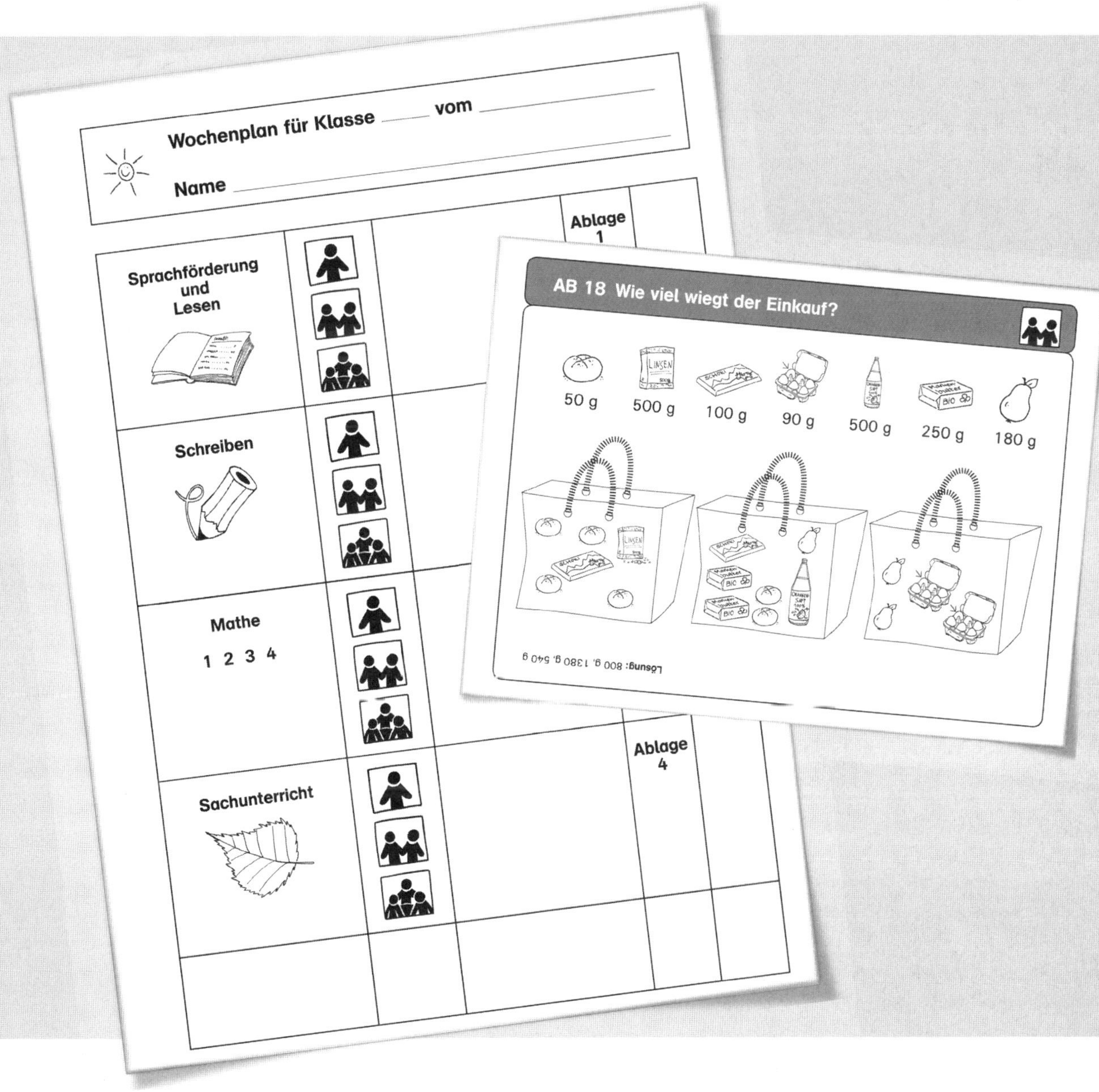

Auer Verlag

Gedruckt auf umweltbewusst gefertigtem, chlorfrei gebleichtem und alterungsbeständigem Papier.

1. Auflage 2012
Nach den seit 2006 amtlich gültigen Regelungen der Rechtschreibung

Illustrationen: Corina Beurenmeister, Stefan Lohr, Julia Flasche
Satz: fotosatz griesheim GmbH
Druck und Bindung: Stückle Druck und Verlag
ISBN 978-3-403-**06861**-7
www.auer-verlag.de

Inhalt

So arbeite ich mit diesem Buch

Rechnen und Logisches Denken gehören als Schlüsselkompetenzen zum täglichen Leben und werden als bedeutsam angesehen für die Teilnahme am gesellschaftlichen Leben.

Von der Lehrkraft wird stillschweigend erwartet, im Unterricht problemlos mit einer zunehmend heterogenen Schülerschaft zurechtzukommen. Dies kann im Lern- und Leistungsbereich nur durch eine passgenaue individuelle Förderung gelingen. Dazu eignet sich die Wochenplanarbeit in hervorragender Weise. Die Schüler erhalten zu Wochenbeginn einen Plan, auf dem individuell zusammengestellte Aufgaben aus einem oder verschiedenen Fächern mit ihren Lerninhalten aufgelistet sind. Diese Aufträge werden von den Schülern im Laufe der Woche selbstverantwortlich erledigt und meist durch Selbstkontrolle überprüft. Dieser Begleiter zur gezielten Förderung der mathematischen Kompetenzen enthält Bausteine in Form von Karteikarten und Arbeitsblätter zum Sachrechnen und dem Umgang mit Größen in den Klassen 3 und 4. Sämtliche Bausteine können im Rahmen der Wochenplanarbeit unabhängig voneinander bearbeitet werden. Sie sind auch alle nach einer durchgehenden Struktur aufgebaut:

- Förderziele
- Benötigte Materialien
- Vorarbeit des Lehrers/Erarbeitung durch die Kinder

Einfach die Karteikarten entsprechend der Förderbereiche (Seite 4) auf verschiedenfarbigen Karton kopieren, laminieren, die Lösungskartei erstellen, entsprechende Bausteine in die Blankovorlagen (Seite 5–11) des Wochenplans eintragen, die Sozialformen ankreuzen bzw. kennzeichnen, die erforderlichen Karteikarten und Kopiervorlagen bereitstellen und los geht's! Sie haben so Stoff für ein ganzes Schuljahr! Die angebotenen Wissenskarten geben die Regeln vor. Die Schüler können diese Karten jederzeit als Unterstützung zur Hilfe nehmen.

Am Ende jeden Kapitels finden Sie Lösungen der Kopiervorlagen. Sie können daraus entweder eine Lösungskartei erstellen oder einzelne Lösungen jeweils auf die Rückseite der entsprechenden Karteikarte kopieren.

Übrigens eignet sich die Kartei in Verbindung mit den Kopiervorlagen, unabhängig von der Wochenplanarbeit, auch hervorragend zur Gestaltung von Förderunterricht und für zusätzliche häusliche Übungen.

Viel Freude und Erfolg beim Arbeiten mit diesem Buch!

Sandra Kroll-Gabriel
Dr. Bernd Ganser

Übersicht der Bausteine zu den Förderbereichen

Bereiche	**Karteikarte**
Geldwerte	K 1, K 2, K3, K 4, K 5, K 6, K 7
Längen	K 8, K 9, K 10, K 11, K 12, K 13, K 14
Gewichte	K 15, K 16, K 17, K 18, K 19, K 20, K 21, K 22, K 23
Zeit	K 24, K 25, K 26, K 27, K 28, K 29, K 30, K 31, K 32
Hohlmaß	K 33, K 34, K 35, K 36, K 37, K 38, K 39
Gemischte Aufgaben	K 40, K 41, K 42

Wochenplan für Klasse ______ vom ____________________

Name ______________________________________

Sprachförderung und Lesen 			**Ablage 1**	
Schreiben 			**Ablage 2**	
Mathe 1 2 3 4			**Ablage 3**	
Sachunterricht 			**Ablage 4**	

WOCHENPLAN vom ________________ **Geldwerte**				☺
 Geldbeträge zählen	Wem gehört welches Sparschwein?	**1**		
 Scheine und Münzen unterscheiden	Fülle die Spardosen!	**2**		
 Geldbeträge mit Komma schreiben	Kommaschreibweise	**3**		
 Rechnen mit Geld	Rechnen mit Euro und Cent	**4**		
 Geldbeträge umwechseln	Wechselautomat	**5**		
 Geldbeträge unterschiedlich darstellen	Geldautomat	**6**		
 Rechengeschichten mit Geld lösen	Einkaufsgeschichten	**7**		

WOCHENPLAN vom ______________ **Längen**				
 Längen mit Mess-geräten abmessen	Längen messen	**1**		
 Sorgfältiges Zeichnen	Strecken zeichnen	**2**		
 Längenmaße umwandeln	Umwandeln	**3**		
 Längenmaße mit Komma schreiben	Kommaschreibweise bei Meter und Zentimeter	**4**		
 Längenmaße mit Komma schreiben	Kommaschreibweise bei Kilometer und Meter	**5**		
 Längenmaße schätzen	Schätzen	**6**		
 Rechengeschichten mit Längen lösen	Werkstattgeschichten	**7**		

WOCHENPLAN vom ____________ **GEWICHTE**				☺
Gewichte schätzen	Schätzen	**1**		
Umgang mit Gewichtssteinen – Abwiegen	Welche Gewichte müssen auf die Waage?	**2**		
Gewicht durch Gewichtssteine darstellen	Welche Gewichtssteine brauchst du?	**3**		
Gesamtgewicht berechnen	Wie viel wiegt der Einkauf?	**4**		
Ergänzen zum vollen Kilo/Tonne	Ergänzen	**5**		
Kommaschreibweise bei Gewichten	Kommaschreibweise Kilogramm und Gramm	**6**		
Kommaschreibweise bei Gewichten	Kommaschreibweise Tonne und Kilogramm	**7**		
Gewichtige umwandeln	Umwandeln	**8**		
Rechengeschichten mit Gewichten lösen	Geburtstagsparty	**9**		

WOCHENPLAN vom ______________ **Zeit**				☺
 Zeitdauer abschätzen	Zeitdauer erfahren	**1**		
 Zeitdauer erfahren	Langsam oder schnell?	**2**		
 Ablesen von Zeiten	Wie spät ist es?	**3**		
 Zeitspannen schritt-weise ergänzen	Wie viel Zeit ist vergangen?	**4**		
 Zeitspannen bestimmen	Fahrtdauer	**5**		
 Zeiten umwandeln	Umwandeln – Stunden und Minuten	**6**		
 Zeiten umwandeln	Umwandeln – Minuten und Sekunden	**7**		
 Gleiche Zeitspannen erkennen	Gleiche Zeitspannen	**8**		
 Rechengeschichten mit Zeiten lösen	Ferien	**9**		

WOCHENPLAN vom ______________	**Hohlmaße**			☺
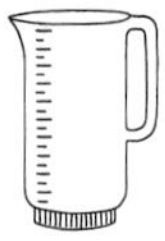 Flüssigkeiten abmessen	Wie viel Flüssigkeit ist im Messbecher?	**1**		
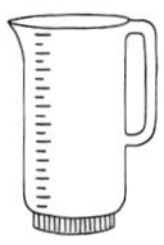 Ergänzen zum vollen Liter	Ergänzen zu einem Liter	**2**		
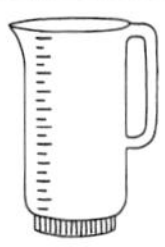 Hohlmaße schätzen	Schätzen	**3**		
 Hohlmaße umwandeln	Umwandeln	**4**		
 Hohlmaße mit Komma schreiben	Kommaschreibweise	**5**		
 Hohlmaße vergleichen	Vergleichen	**6**		
 Rechengeschichten mit Hohlmaßen lösen	Lieblingsgetränke	**7**		

WOCHENPLAN vom ______________

Gemischte Aufgaben

2 6 4 8 Rechenwörter verstehen und richtige Rechenoperation ableiten können	**Verzauberte Rechenwörter** – Schloss Gespensterstein – Büroarbeit – Im Friseursalon – Ausflug – Rita Süß
2 6 4 8 Wichtige von unwichtigen Informationen unterscheiden können	**Viel zu viel!** – Liebeserklärung – Geisterbahn – Zahnarzt Bohrer – Schulfest – Missgeschick
2 6 4 8 Rechengeschichten verstehen Kapitänsaufgaben erkennen Passende Frage/ Rechnung und Antwort finden Fehlende Angaben erkennen	**Verständnis Check** – Welche Frage passt? – Welche Rechnung passt? – Welche Antwort passt? – Welche Aufgaben kannst du lösen? – Hier fehlt noch was!

Geldwerte

Förderziele und Strategien:
- Die Schüler sollen Geldbeträge richtig zählen und versprachlichen können.
- Die Schüler sollen die Euromünzen und Scheine genau unterscheiden können.
- Die Schüler sollen die Kommaschreibweise bei Geldbeträgen automatisieren.
- Die Schüler sollen sicher mit Geldbeträgen rechnen können.
- Die Schüler sollen Geldbeträge unterschiedlich darstellen können.
- Die Schüler sollen Rechengeschichten mit Geldwerten lösen können und dabei unterschiedliche Strategien anwenden.

Material:
- K 1/AB 1: Wie viel Geld ist im Sparschwein?, S. 13/17
- K 2/AB 2: Fülle die Spardosen, S. 13/18
- K 3/AB 3: Kommaschreibweise, S. 14/18
- K 4/AB 4: Rechnen mit Euro und Cent, S. 14/19
- K 5/AB 5: Wechselautomat, S. 15/20
- K 6/AB 6: Geldautomat, S. 15/21
- K 7/AB 7 a–e: Einkaufsgeschichten, Aufgabe 7 a–7e, S. 16–24
- Lösungen

Vorarbeit des Lehrers/Erarbeitung durch die Kinder:
Wiederholen und besprechen Sie für diese Einheit im Unterricht jeweils folgende Inhalte:
- Münzen und Geldscheine
- Kommaschreibweise
- Verschiedene Schreibweisen von Geldbeträgen
- Merkmale von Münzen und Scheinen
- Grundlegende Vorgehensweise beim Lösen von Rechengeschichten.

Bereiten Sie bereits diese Materialien vor:
- Wissenskarte und Karteikarten kopieren, ausschneiden und laminieren.
- Arbeitsblätter/Kopiervorlagen kopieren, ggf. vergrößern.
- Lösungen ergänzen.
- Spiele vorbereiten, Lösungen ergänzen.
- Rechengeld zur Verfügung stellen.

Wissenskarte

Das muss in meinen Kopf:

Das Komma trennt Euro und Cent.
4,35 € = 4 € 35 ct

Geldwerte

ct = Cent
€ = Euro

1,00 € = 100 ct
0,10 € = 10 ct
0,01 € = 1 ct

K 1 Wie viel Geld ist im Sparschwein?

Du brauchst:

- Sparschweine
- Sprechblasen

So arbeitest du:

1. Wie viel Geld ist in den einzelnen Sparschweinen?
2. Zählt genau und ordnet die Sparschweine dem richtigen Besitzer zu.
3. Kontrolliert anschließend auf der Rückseite.

Tipp:

Denkt daran: 100 ct = 1 €.

K 2 Fülle die Spardosen

Das brauchst du:

- AB 2
- Rechengeld

So arbeitest du:

1. Welcher Betrag soll in die Spardose?
2. Lege zuerst den Betrag der als Geldschein abgebildet ist.
   Ergänze nun, bis der Betrag auf der Spardose erreicht ist.
3. Dein Partner zählt nach und kontrolliert.

K 3 Kommaschreibweise

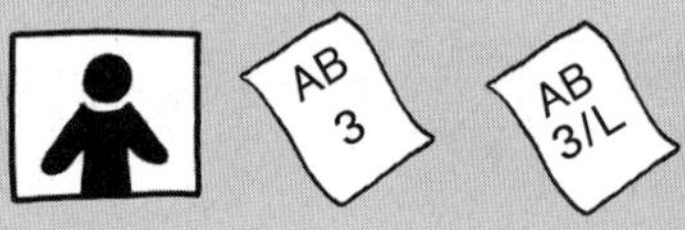

Das brauchst du:

- AB 3
- Lösung, AB 3

So arbeitest du:

1. Trage die Geldbeträge in die Stellenwerttafel ein.
2. Schreibe den Betrag in der Kommaschreibweise.
3. Kontrolliere mit der Lösungskarte.

Tipp:

Das Komma trennt Euro und Cent.

K 4 Rechnen mit Euro und Cent

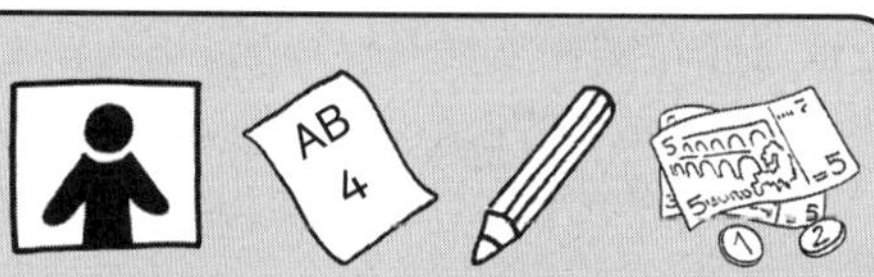

Das brauchst du:

- AB 4
- Stift
- Papiergeld

So arbeitest du:

1. Bearbeite die Aufgaben auf dem Arbeitsblatt.
2. Kontrolliere das Ergebnis mit deinem Partner.

Tipp:

Lege die Beträge mit Rechengeld nach.

K 5 Wechselautomat

Das brauchst du:

- Wechselautomat, Domino

So arbeitest du:

Lege das Domino mit deinem Partner.

Tipp:

Geldwerte kannst du auf verschiedene Arten schreiben:

1 € 10 ct = 1,10 € = 110 ct

K 6 Geldautomat

Das brauchst du:

- Aufgabenkarten, Geldautomat

So arbeitest du:

1. Welche Scheine bekommt Frau Huber am Geldautomaten?
2. Legt die passenden Karten aneinander.
3. Kontrolliert auf der Rückseite.

Tipp:

Legt die Beträge mit Rechengeld nach.

K 7 Einkaufsgeschichten

Das brauchst du:

- Aufgaben, AB 7 a–e
- Lösung, AB 7 a–e
- Stift

So arbeitest du:

1. Lies die Aufgabe.
2. Unterstreiche wichtige Wörter und Zahlen.
3. Suche die Rechenaufgabe.
4. Löse die Aufgabe.
5. Schreibe die passende Antwort.
6. Kontrolliere das Ergebnis auf der Rückseite.

Tipp:

Spiele die Einkaufsgeschichten mit Rechengeld nach.

AB 1 Wem gehört welches Sparschwein?

Tina:
In meinem
Sparschwein sind
31 € und 57 ct.

Nino:
In meinem
Sparschwein sind
25 € und 61 ct.

Luca:
In meinem
Sparschwein sind
26 € und 36 ct.

Sven:
In meinem
Sparschwein sind
72 € und 80 ct.

Hanna:
In meinem
Sparschwein sind
34 € und 12 ct.

Luis:
In meinem
Sparschwein sind
46 € und 08 ct.

Leni:
In meinem
Sparschwein sind
125 € und 43 ct.

Hannes:
In meinem
Sparschwein sind
44 € und 64 ct.

Vergrößern auf DIN A3

AB 2 Fülle die Spardosen

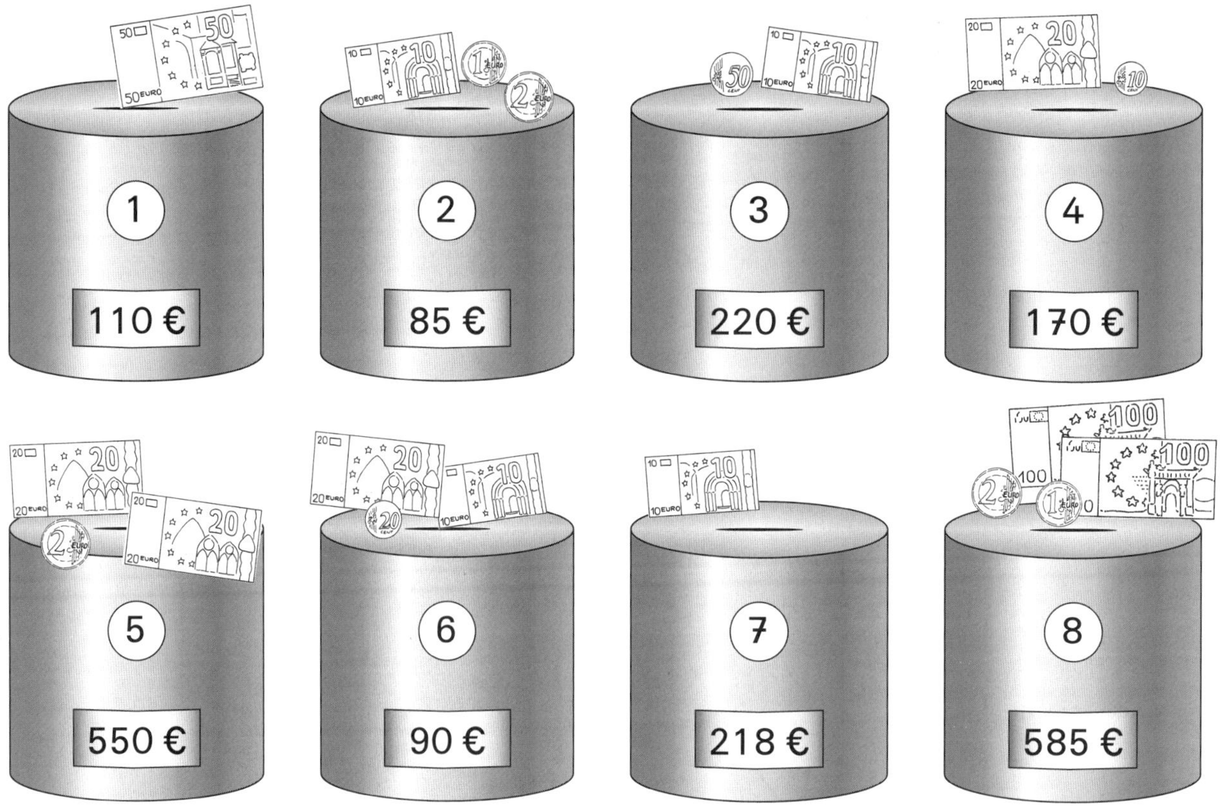

AB 3 Kommaschreibweise

	Euro			Cent		
	H	Z	E	Z	E	
14 € 3 ct						______,______ €
258 € 38 ct						______,______ €
7 € 9 ct						______,______ €
963 € 14 ct						______,______ €
102 € 8 ct						______,______ €
401 € 7 ct						______,______ €

AB 4 Rechnen mit Euro und Cent

1. Schreibe mit Komma.

4 € 33 ct = ____________ €

107 € 0 ct = ____________ €

25 € 47 ct = ____________ €

256 € 33ct = ____________ €

563 € 12 ct = ____________ €

17ct = ____________ €

893 € 86 ct = ____________ €

7 € 77 ct = ____________ €

3 ct = ____________ €

100 € 4 ct = ____________ €

2. Schreibe ohne Komma.

27,89 € = ______€______ ct

0,95 € = ______€______ ct

0,87 € = ______€______ ct

10,66 € = ______€______ ct

29,77 € = ______€______ ct

0,08 € = ______€______ ct

136,55 €= ______€______ ct

896,45 € = ______€______ ct

0,09 €= ______€______ ct

783,45 € = ______€______ ct

3. Finde gleiche Beträge und färbe sie ein.

45,80 €　1,80 €　3,48 €　45 € 80 ct　33,07 €　12 € 60 ct

33 € 7 ct　12,60 €　777 € 7 ct　1 € 80 ct　777,07 €　3 € 48 ct

4. Ergänze die fehlenden Beträge.

20,00 €		50,00 €		200,00 €	
9,00 €		33,00 €		152,00 €	
12,80 €		47,90 €		178,90 €	
15,72 €		26,73 €		195,98 €	
17,08 €		25,05 €		108,09 €	

AB 5 Wechselautomat, Domino

Start	123 € 20 ct	123,20 €	33,03 €
33 € 3 ct	5652 ct	56,52 €	7,45 €
745 ct	0,18 €	18 ct	2380 ct
23,80 €	2,98 €	298 ct	43 € 3 ct
43,03 €	27 € 13 ct	2713 ct	89, 08 €
89 € 8 ct	10,09 €	1009 ct	**Ende**

Lösung:

Start	123 € 20 ct	123,20 €	33,03 €	33 € 3 ct	5652 ct	56,52 €	7,45 €
745 ct	0,18 €	18 ct	2380 ct	23,80 €	2,98 €	298 ct	43 € 3 ct
43,03 €	27 € 13 ct	2713 ct	89, 08 €	89 € 8 ct	10,09 €	1009 ct	**Ende**

AB 6 Geldautomat

Papa Huber holt am Bankautomat 320 €.		Der Automat gibt drei 100-Euro-Scheine und einen 20-Euro-Schein.
Mama Huber hebt 450 € vom Konto ab.		Der Automat gibt zwei 200-Euro-Scheine und einen 50-Euro-Schein.
Tochter Tina hebt 75 € ab.	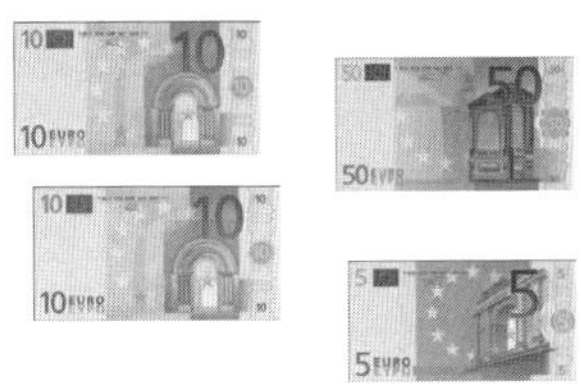	Der Automat gibt einen 50-Euro-Schein, zwei 10-Euro-Scheine und einen 5-Euro-Schein.
Sohn Max holt am Automat 30 €.	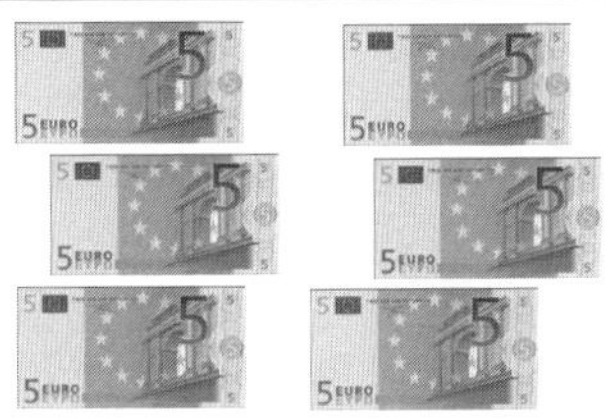	Der Automat gibt sechs 5-Euro-Scheine.
Oma Huber hebt 560 € vom Konto ab.		Der Automat gibt zwei 200-Euro-Scheine, drei 50-Euro-Scheine und einen 10-Euro-Schein.
Opa Huber holt bei der Bank 170 €.	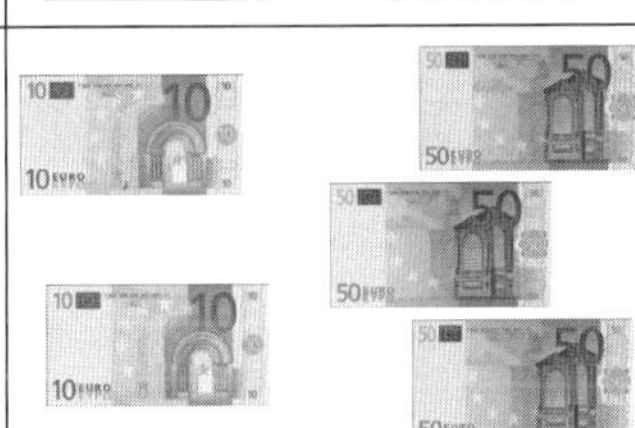	Der Automat gibt drei 50-Euro-Scheine und zwei 10-Euro-Scheine.
Tante Susi hebt 320 € vom Konto ab.	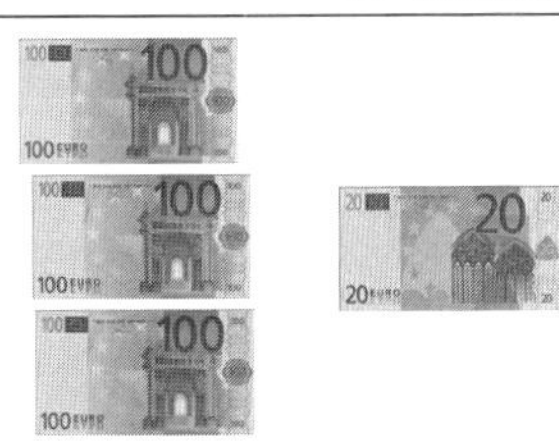	Der Automat gibt drei 100-Euro-Scheine und einen 20-Euro-Schein.
Onkel Tom holt 440 €.	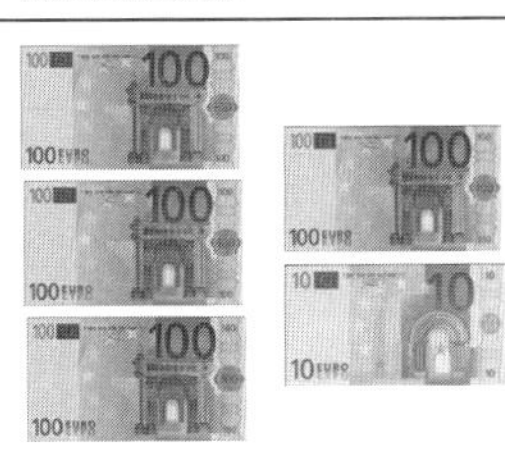	Der Automat gibt vier 100-Euro-Scheine und vier 10-Euro-Scheine.

AB 7 a Einkaufsgeschichten

Auf der Bank

Stefanie möchte sich ein neues Buch kaufen. Sie geht zur Bank, um von ihrem Sparbuch Geld abzuheben. Sie hat ein Guthaben von 190,90 €. Sie hebt zuerst 25,00 € ab. Da fällt ihr der geplante Kinobesuch ein und sie hebt noch mal 20,00 € ab.

Wie viel Geld ist noch auf ihrem Konto?

Tipp:
Rechne schriftlich untereinander.

AB 7 b Einkaufsgeschichten

Beim Bäcker

Auf dem Heimweg kommt Stefanie beim Bäcker vorbei. Es duftet nach leckeren frischen Brezeln. Stefanie kann nicht widerstehen und kauft sich zwei Brezeln zu je 60 ct, eine Limo für 1,20 € und zwei Kugeln Eis zu je 80 ct. Sie bezahlt mit einem 10 €-Schein.

Wie viel Geld bekommt sie zurück?

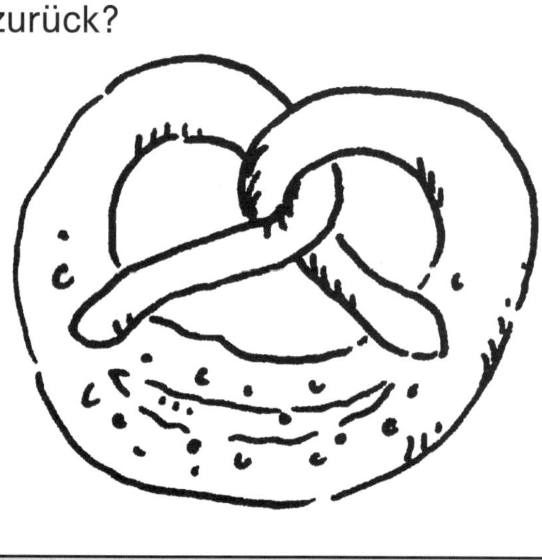

Tipp:
Achte auf das Wörtchen je.

AB 7c Einkaufsgeschichten

Im Buchladen

Am nächsten Tag geht Stefanie schon früh morgens in den Buchladen. Sie ist eine große Leseratte und möchte für 25,00 € möglichst viele Bücher kaufen. Die Entscheidung fällt ihr nicht leicht. Kannst du Stefanie helfen?

Tipp:
Es gibt mehrere Möglichkeiten.

AB 7d Einkaufsgeschichten

Im Supermarkt

Am Nachmittag schreibt die Mutter Stefanie eine Einkaufsliste. Die Oma kommt morgen zu Besuch und sie möchte einen leckeren Kuchen backen. Leider fehlen einige Zutaten. Stefanie besorgt zwei Packungen Milch zu je 60 ct, drei Päckchen Mehl zu je 80 ct, eine Tafel Schokolade zu 1,20 €, eine Packung Eier zu 1,50 € und Erdbeeren zu 3,50 €. Sie hat 15 € im Geldbeutel.

Tipp: Achte auf das Wörtchen je.

AB 7 e Einkaufsgeschichten

Im Spielwarenladen

Nach dem Kaffeeklatsch beschließt Oma, mit ihren Enkeln in den Spielwarenladen zu gehen. Jeder bekommt von Oma 10 €. Außerdem packen die Kinder noch ihr Taschengeld ein. Im Laden überlegen sie, ob das Geld reicht. Kreuze an und rechne.

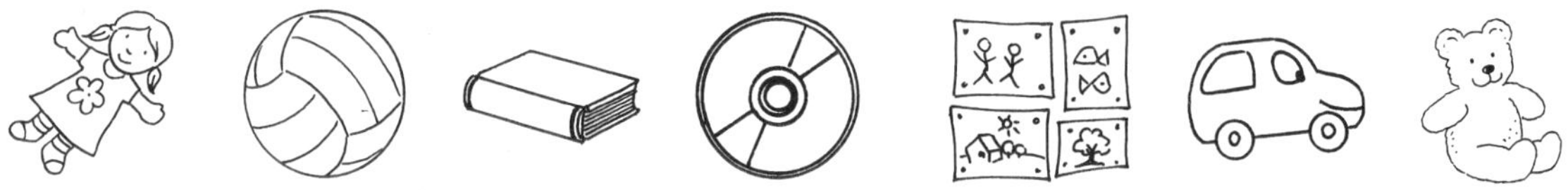

19,80 €	5,60 €	8,95 €	15,90 €	je 80 ct	7,80 €	13,95 €

a) Noah kauft sich einen Ball und eine DVD. Er hat 18 € dabei. ○ Das Geld reicht. ○ Das Geld reicht nicht. dabei.	b) Stefanie kauft eine Puppe und ein Buch. Sie hat 30 €. ○ Das Geld reicht. ○ Das Geld reicht nicht.	c) Tom kauft sich ein Spielzeugauto und drei Packungen Aufkleber. Er hat 15 € dabei. ○ Das Geld reicht. ○ Das Geld reicht nicht.

Tipp:

Du kannst auch erst überschlagen und dann genau rechnen.

☆ Wie viel bekommen die Kinder zurück? Wie viel Geld fehlt noch?

Lösung AB 3 Kommaschreibweise

	Euro			Cent		
	H	Z	E	Z	E	
14 € 3 ct		1	4	0	3	14,03 €
258 € 38 ct	2	5	8	3	8	258,38 €
7 € 9 ct			7	0	9	7,09 €
963 € 14 ct	9	6	3	1	4	963,14 €
102 € 8 ct	1	0	2	0	8	102,08 €
401 € 7 ct	4	0	1	0	7	401,07 €

Lösung AB 4 Rechnen mit Euro und Cent

1. Schreibe mit Komma.

4 € 33 ct = 4,33 €
25 € 47 ct = 25,47 €
563 € 12 ct = 563,12 €
893 € 86 ct = 893,86 €
3 ct = 0,03 €

107 € 0 ct = 107,00 €
256 € 33ct = 256,33 €
17ct = 0,17 €
7 € 77 ct = 7,77 €
100 € 4 ct = 100,04 €

2. Schreibe ohne Komma.

27,89 € = 27 € 89 ct
0,87 € = 0 € 87 ct
29,77 € = 29 € 77 ct
136,55 €= 136 € 55 ct
0,09 €= 0 € 9 ct

0,95 € = 0 € 95 ct
10,66 € = 10 € 66 ct
0,08 € = 0 € 8 ct
896,45 € = 896 € 45 ct
783,45 € = 783 € 45 ct

3. Finde gleiche Beträge und färbe sie ein.

45,80 € | 1,80 € | 3,48 € | 45 € 80 ct | 33,07 € | 12 € 60 ct

33 € 7 ct | 12,60 € | 777 € 7 ct | 1 € 80 ct | 777,7 € | 3 € 48 ct

4. Ergänze die fehlenden Beträge.

20,00 €		50,00 €		200,00 €	
9,00 €	11,00 €	33,00 €	17,00 €	152,00 €	48,00 €
12,80 €	7,20 €	47,90 €	2,10 €	178,90 €	21,10 €
15,72 €	4,28 €	26,73 €	23,27 €	195,98 €	4,02 €
17,08 €	2,92 €	25,05 €	24,95 €	108,09 €	91,91 €

Lösung AB 7 a Einkaufsgeschichten

Wie viel Geld hat sie noch auf ihrem Konto?

190,90 € – 25,00 €
= 165,90 €
165,90 € – 20,00 €
= 145,90 €

Sie hat noch 145,90 € auf ihrem Konto.

Lösung AB 7b Einkaufsgeschichten

Wie viel Geld bekommt sie zurück?

60 ct + 60 ct = 1,20 €
1,20 € + 1,20 € = 2,40 €
2,40 € + 80 ct + 80 ct = 4,00 €
10,00 € – 4,00 € = 6,00 €

Sie bekommt 6,00 € zurück.

Lösung AB 7c Einkaufsgeschichten

Welche Bücher kann sich Stefanie für 25,00 € kaufen?

14,80 € + 5,95 € + 3,50 € = 24,25 €
18,20 € + 6,80 € = 25,00 €
5,95 € + 6,80 € + 3,50 € + 8,65 = 24,90 €

Sie hat mehrere Möglichkeiten. Am meisten Bücher bekommt sie, wenn sie sich folgende Bücher kauft: Comics, Witze, das Buch „Zoff im Internat“ und ein Buch über ihr Hobby Klettern.

Lösung AB 7d Einkaufsgeschichten

Reicht das Geld? Wie viel bekommt sie zurück?

60 ct + 60 ct + 80 ct + 80 ct + 80 ct + 2,20 € + 1,50 € + 3,50 € = 10,80 €
15,00 € – 10,80 € = 4,20 €

Das Geld reicht. Sie bekommt 4,20 € zurück.

Lösung AB 7e Einkaufsgeschichten

a) Noah kauft sich einen Ball und eine DVD. Er hat 18 € dabei. ○ Das Geld reicht. ☒ Das Geld reicht nicht. Er muss 21,50 € bezahlen. Es fehlen 3,50 €.	b) Stefanie kauft eine Puppe und ein Buch. Sie hat 30 € dabei. ☒ Das Geld reicht. ○ Das Geld reicht nicht. Sie bezahlt 28,75 € und bekommt somit 1,25 € zurück.	c) Tom kauft sich ein Spielzeugauto und drei Packungen Aufkleber. Er hat 15 € dabei. ☒ Das Geld reicht. ○ Das Geld reicht nicht. Er bezahlt 10,20 € und bekommt 4,80 € zurück.

Sachbezogene Mathematik – Größen

Längen

Förderziele und Strategien:
- Die Schüler sollen Längen messen können.
- Die Schüler sollen Strecken nach Lösungsvorgaben zeichnen können.
- Die Schüler sollen die unterschiedlichen Längenmaße kennen und umwandeln können.
- Die Schüler sollen Längen mit Komma schreiben können.
- Die Schüler sollen Längen schätzen können.
- Die Schüler sollen Rechengeschichten mit Längen mit Hilfe von Zeichnungen lösen können.

Material:
- K 8/AB 8: Längen messen, S. 29/33
- K 9/AB 9: Strecken zeichnen, S. 29/33
- K 10/AB 10 Umwandeln, S. 30/34–36
- K11/AB 11: Kommaschreibweise von Meter und Zentimeter, S. 30/37
- K 12/AB 12: Kommaschreibweise von Kilometer und Meter, S. 31/37–38
- K 13/AB 13: Schätzen, S. 31/38
- K 14/AB 14: Werkstattgeschichten, Aufgaben a–h, S. 39–42
- Lösungen
- Bleistift, Lineal, Maßband

Vorarbeit des Lehrers/Erarbeitung durch die Kinder:
Wiederholen und besprechen Sie für diese Einheit im Unterricht jeweils folgende Inhalte:
- Längenmaße
- Umgang mit Messinstrumenten
- Regeln zur Kommaschreibweise

Bereiten Sie bereits diese Materialien vor:
- Karteikarte laminieren.
- Klammerkarten laminieren, Lösungen umknicken.
- Nummerierte Wäscheklammern bereitstellen.
- Lösungskarte aufkleben.
- Zuordnungskarten vergrößern, farbig gestalten und laminieren, Kontrolle auf Rückseite ergänzen.
- Aufgabenkarten mit Lösungen versehen, laminieren.
- Lösungshilfe einer Skizze im Unterricht erarbeiten.

Wissenskarte

Das muss in meinen Kopf:

Längen

mm = Millimeter	1 cm = 10 mm	m = Meter	1 m = 100 cm
cm = Zentimeter	1 dm = 10 cm	km = Kilometer	1 km = 1000 m
dm = Dezimeter	1 m = 10 dm		

Das Komma trennt Zentimeter und Millimeter: 1 cm 3 mm = 1,13 cm
Das Komma trennt Meter und Zentimeter: 4 m 78 cm = 4,78 m
Das Komma trennt Kilometer und Meter: 7 km 123 m= 7,123 km

Dein Arbeitsmaterial muss bereitliegen:
gespitzter Bleistift, Lineal, Maßband

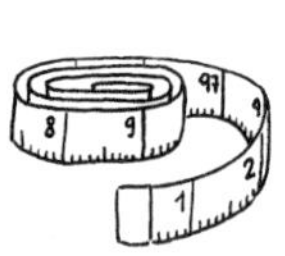

K 8 Längen messen

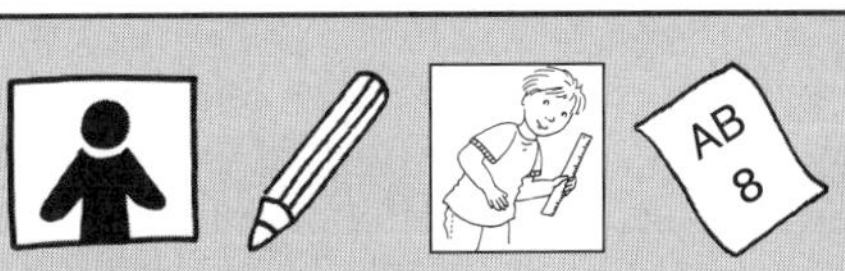

Das brauchst du:

- Lineal, Stift
- AB 8

So arbeitest du:

1. Welcher Hund hat den kürzesten Weg?
2. Miss genau. Gib die Zahl in cm und mm an.
3. Kontrolliere dein Ergebnis.

Tipp:

Miss die Teilstrecken von Ecke zu Ecke und zähle sie dann zusammen.

K 9 Strecken zeichnen

Das brauchst du:

- AB 9
- Lineal
- Bleistift

So arbeitest du:

1. Zeichne die Strecken.
2. Dein Partner misst genau nach und kontrolliert dein Ergebnis.

Tipp:

Verwende einen gut gespitzten Bleistift zum Zeichnen. Manche Längen musst du erst umwandeln.

☆ Wie lang sind die Strecken zusammen?

K 10 Umwandeln

Das brauchst du:

- AB 10
- Wäscheklammern mit den Nummern 1–10
- Wissenskarte

So arbeitest du:

1. Wandle die Längen um und klammere die richtige Zahl.
2. Kontrolliere auf der Rückseite.

Tipp:

Hast du noch alle Längenmaße im Kopf?
Schau auf der Wissenskarte nach.

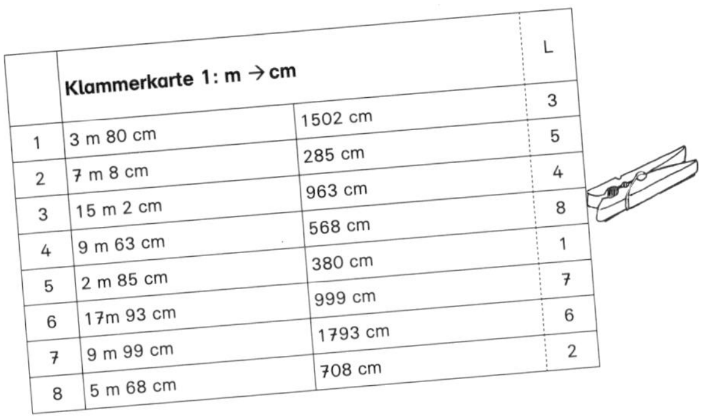

	Klammerkarte 1: m → cm		L
1	3 m 80 cm	1502 cm	3
2	7 m 8 cm	285 cm	5
3	15 m 2 cm	963 cm	4
4	9 m 63 cm	568 cm	8
5	2 m 85 cm	380 cm	1
6	17m 93 cm	999 cm	7
7	9 m 99 cm	1793 cm	6
8	5 m 68 cm	708 cm	2

K 11 Kommaschreibweise bei Meter und Zentimeter

Das brauchst du:

- AB 11
- Wissenskarte

So arbeitest du:

1. Längen kannst du auch mit Komma schreiben.
2. Lies dir dazu zuerst die Wissenskarte Längen durch.
3. Bearbeite dann das AB 11.
4. Kontrolliere.

Tipp:

Das Komma trennt m und cm: 4 m 67 cm = 4,67 m

K 12 Kommaschreibweise bei Kilometer und Meter

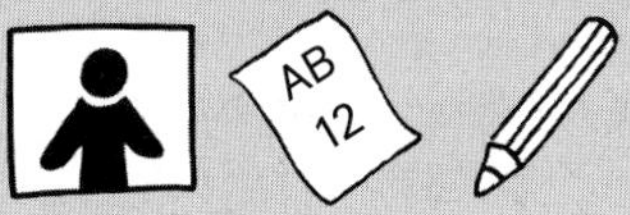

Das brauchst du:

- AB 12 a und AB 12 b
- Wissenskarte Längen

So arbeitest du:

1. Auch große Längenmaße kannst du mit Komma schreiben.
2. Lies dir dazu zuerst die Wissenskarte Längen durch.
3. Bearbeite dann die AB 12 a und 12 b.
4. Trage die Längen zuerst in die Stellenwerttafel ein und schreibe dann mit Komma.

Tipp:

Das Komma trennt Kilometer und Meter.

K 13 Schätzen

Das brauchst du:

- AB 13

So arbeitest du:

1. Kannst du Längen richtig schätzen?
2. Legt die passenden Teile aneinander.
3. Kontrolliert anschließend auf der Rückseite.

Tipp:

Große Längen werden in Meter und Zentimeter angegeben. Kleine Längen in Zentimeter oder Millimeter.

K 14 Werkstattgeschichten

Das brauchst du:

- AB 14a–h
- Lösungskarten, AB 23a–h

So arbeitest du:

1. Lies die Aufgabe.
2. Unterstreiche wichtige Wörter und Zahlen.
3. Suche die Rechenfrage.
4. Löse die Aufgabe.
5. Schreibe eine passende Antwort.
6. Kontrolliere dein Ergebnis auf der Rückseite.

Tipp:

Zeichne die Aufgabe. Eine Skizze reicht aus und ist sehr hilfreich.

AB 8 Längen messen

Bello: cm: mm:	**Kitty:** cm: mm:	**Rex:** cm: mm:	**Lilly:** cm: mm:

AB 9 Strecken zeichnen

- 40 mm
- 55 mm
- 75 mm
- 90 mm
- 1 cm 4 mm
- 7 cm 9 mm
- 12cm 6 mm

AB 10a: Klammerkarte 1 und 2

	Klammerkarte 1: m → cm 		L
1	3 m 80 cm	1502 cm	3
2	7 m 8 cm	285 cm	5
3	15 m 2 cm	963 cm	4
4	9 m 63 cm	568 cm	8
5	2 m 85 cm	380 cm	1
6	17m 93 cm	999 cm	7
7	9 m 99 cm	1793 cm	6
8	5 m 68 cm	708 cm	2

	Klammerkarte 2: m → cm 		L
1	798 cm	5 m 69 cm	2
2	569 cm	7 m 98 cm	1
3	1289 cm	7 m 53 cm	6
4	850 cm	9 m 9 cm	7
5	261 cm	23 m 5 cm	8
6	753 cm	2 m 61 cm	5
7	909 cm	12 m 89 cm	3
8	2305 cm	8 m 50 cm	4

AB 10b: Klammerkarte 3 und 4

	Klammerkarte 3: cm → mm		L
1	1 cm	470 mm	5
2	3 cm	280 mm	6
3	12cm	10 mm	1
4	25 cm	300 mm	7
5	47 cm	980 mm	8
6	28 cm	120 mm	3
7	30 cm	30 mm	2
8	98 cm	250 mm	4

	Klammerkarte 4: mm → cm		L
1	19 mm	10 cm	3
2	90 mm	2 cm 5 mm	5
3	100 mm	1 cm 9 mm	1
4	60 mm	4 cm 2 mm	6
5	25 mm	8 cm 9 mm	7
6	42 mm	5 cm 6 mm	8
7	89 mm	6 cm	4
8	56 mm	9 cm	2

AB 10c: Klammerkarte 5 und 6

	Klammerkarte 5: km → m 		L
1	7 km	10000 m	4
2	$3\frac{1}{2}$ km	11500 m	6
3	48 km	3500 m	2
4	10 km	87000 m	7
5	18 km	27000 m	8
6	$11\frac{1}{2}$ km	7000 m	1
7	87 km	4800 m	3
8	27 km	18000 m	5

	Klammerkarte 6: km → m 		L
1	7 km	10000 m	4
2	$3\frac{1}{2}$ km	11500 m	6
3	48 km	3500 m	2
4	10 km	87000 m	7
5	18 km	27000 m	8
6	$11\frac{1}{2}$ km	7000 m	1
7	87 km	48000 m	3
8	27 km	18000 m	4

AB 11 Kommaschreibweise bei Meter und Zentimeter

1. Schreibe die Längenmaße mit Komma.

16 m 67 cm = ________ m	9 m 7 cm = ________ m
9 m 33 cm = ________	17 m 1 cm = ________
8 m 16 cm = ________	1 m 3 cm = ________
34 m 98 cm = ________	30 m 8 cm = ________
87 m 56 cm = ________	22 m 9 cm = ________
4 m 17 cm = ________	8 m 7 cm = ________

2. Welche Angaben sind gleich? Färbe sie in der gleichen Farbe ein. Schreibe so in dein Heft: 1 m 50 cm = 1,5 m.

2,33 m	25 cm	4 m 29 cm	0,37 m	17 m 103 cm	0,50 m
4, 29 m	37 cm	550 cm	$\frac{1}{2}$ m	307 cm	3,18 m
2 m 33 cm	0,25 cm	18,03 m	5,5 m	3,07 m	2 m 118 cm

AB 12a Kommaschreibweise bei Kilometer und Meter

	Kilometer			Meter			Komma
	H	Z	E	H	Z	E	
3 km 600 m			3		6	0	3,600 km
2 km 170 m							
15 km 18 m							
32 km 789 m							
123 km 89 m							
856 km 3 m							
225 km 305 m							
45 km 105 m							
350 km 7 m							
100 km 100 m							
1 km 1 m							
45 km 5 m							
93 km 78 m							
111km 111 m							

AB 12b Kommaschreibweise

	Kilometer			Meter			
	H	Z	E	H	Z	E	
55 m					5	5	0,055 km
77 m							
6m							
677 m							
9875 m							
60123 m							
789236 m							
20530 m							
78060 m							
3654 m							
893505 m							
78230 m							
130 m							
42 m							

AB 13 Schätzen, Zuordnungskarten

	35 m		35 cm
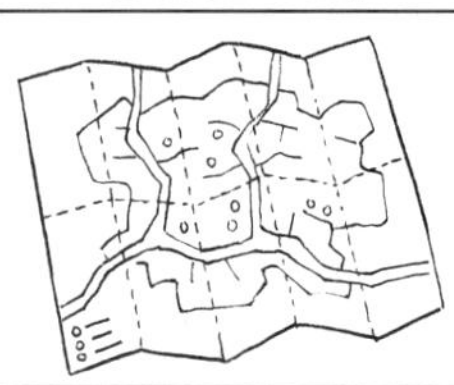	8 km		20 cm
	3,50 m	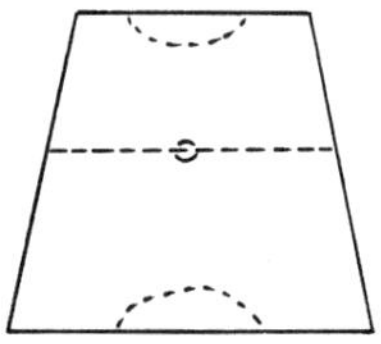	100 m
	200 cm		25 mm

AB 14 a Werkstattgeschichten

Wir bauen ein Baumhaus

Jonas möchte mit seinen Freunden ein Baumhaus bauen. Jede Seitenfläche soll 1,50 m breit sein. Dafür holen sie bei Opa Max passende Bretter, die jeweils 15 cm breit und 1,5 m lang sind.
Opa möchte wissen, wie viele Bretter sie brauchen.

Tipp:
Eine Skizze hilft dir.

AB 14 b Werkstattgeschichten

Bretter für das Baumhaus

Als die Freunde bei Opa ankommen, fällt Jonas ein, dass sie auch noch ein Dach und einen Boden für das Baumhaus brauchen. Auch hier sind die 15 cm breiten Bretter genau richtig. Das Dach besteht aus zwei Flächen, die jeweils 75 cm breit sind. Der Boden ist 1,5 m breit. Wie viele Bretter brauchen sie noch zusätzlich?

Tipp:
Eine Skizze hilft dir.

AB 14c Werkstattgeschichten

Skizze

Wieder zu Hause wollen sich die Jungs gleich an die Arbeit machen. Chris ist nicht einverstanden. Er möchte zuerst eine Skizze zeichnen, damit beim Bau nichts falsch gemacht wird. Er überlegt: 1 cm soll als 1mm dargestellt werden. Wie lang ist dann eine Seitenfläche auf der Skizze?

Tipp:
Eine Skizze hilft dir.

AB 14d Werkstattgeschichten

Fenster für das Baumhaus

Das Baumhaus soll vier Fenster bekommen. Alle Seiten jedes Fensters werden mit Holzleisten verkleidet. Jede Leiste ist 30 cm lang. Felix betrachtet die Skizze und überlegt, wie viele Leisten er braucht. Außerdem muss er das passende Holz erst wieder bei Opa besorgen. Dieser möchte bestimmt wissen, wie viel Holz sie diesmal benötigen.

Tipp:
Eine Skizze hilft dir.

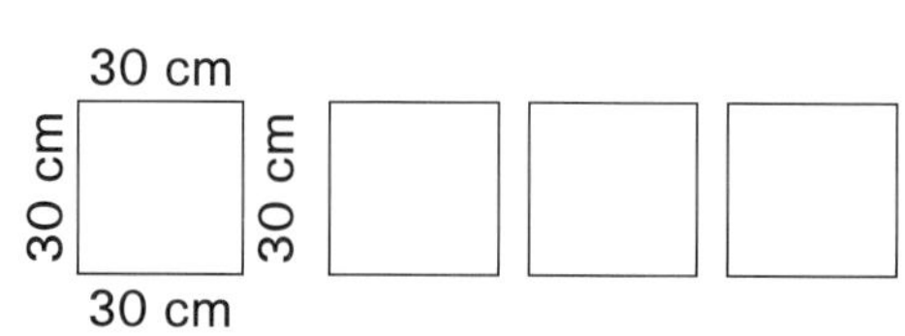

AB 14 e Werkstattgeschichten

Eine Tür für das Baumhaus

Alle sind schwer beschäftigt. Felix sägt fleißig die Leisten für die Fenster. Chris nagelt die Bretter für das Dach zusammen und Jonas möchte eine stabile Tür aus einer dicken Platte aussägen. Die Platte ist 1 m breit und 150 cm lang. Die Tür soll aber nur 75 cm breit und 150 cm lang sein.

Wie viel Holz bleibt übrig?

Tipp:

Manchmal musst du Längenmaße umwandeln, damit du die Aufgabe lösen kannst.

AB 14 f Werkstattgeschichten

Eine Leiter für das Baumhaus

Das Baumhaus ist fast fertig. Es fehlt nur noch eine passende Leiter, damit die Freunde das Haus in der 2 Meter hohen Baumkrone erreichen. Die Sprossen für die Leiter sollen jeweils 20 cm auseinanderliegen. Eine Sprosse soll 25 cm breit und 5 cm hoch sein.

Wie viele Sprossen brauchen sie?
Wie viel Holz brauchen sie für die gesamte Leiter?

Tipp:

Eine Skizze hilft dir.

AB 14 g Werkstattgeschichten

Auf zum Baumarkt

Stolz betrachten die Freunde ihr Baumhaus. Jetzt braucht es nur noch etwas Farbe. Dafür fahren sie mit Jonas Mutter zum Baumarkt. Frau Müller fährt den Wagen aus der Garage und biegt nach der 200 m langen Ausfahrt in die Hauptstraße ab. Der Baumarkt liegt genau 4 km und 550 m entfernt.

a) Berechne den gesamten Hinweg.

b) Nach dem Baumarkt fahren sie nicht gleich nach Hause, sondern zur 2,5 km entfernten Eisdiele. Berechne den gesamten Rückweg.

c) Wie lang waren Hinweg und Rückweg zusammen?

Tipp:

Eine Skizze hilft dir.

AB 14 h Werkstattgeschichten

Die erste Nacht im Baumhaus

Nach getaner Arbeit übernachten die Jungs zum ersten Mal im fertigen Baumhaus. Sie stellen sich lustige und knifflige Rätsel.

① Wenn ich von einer 50 cm langen Schnur zuerst 18 cm, dann 7 cm und noch mal 40 mm abschneide, wie lange ist die Schnur?

② Felix: „Mein Papa ist 1,90 m groß. Meine Mama ist 15 cm kleiner als Papa. Ich bin 40 cm kleiner als meine Mama und mein Bruder ist 13 cm größer als ich. Wie groß ist jeder?"

③ Ein Frosch kriecht aus einem 2,1 m tiefen Brunnen. Jeden Tag schafft er 50 cm, rutscht aber in der Nacht 10 cm wieder nach unten. Wie viele Tage braucht er, um aus dem Brunnen zu kriechen?

Tipp:

Eine Skizze hilft dir.

Lösung AB 11 Kommaschreibweise bei Meter und Zentimeter

Schreibe die Längenmaße mit Komma.

16 m 67 cm = 16,67 m
9 m 33 cm = 9,33 m
8 m 16 cm = 8,16 m
34 m 98 cm = 34,98 m
87 m 56 cm = 87,56 m
4 m 17 cm = 4,17 m

9 m 7 cm = 9,07 m
17 m 1 cm = 17,01 m
1 m 3 cm = 1,03 m
30 m 8 cm = 30,08 m
22 m 9 cm = 22,09 m
8 m 9 cm = 8,09 m

Welche Angaben sind gleich?
Schreibe so: 1 m 50 cm = 1,5 m

2,33 m = 2 m 33 cm
0,37 m = 37 cm
550 cm = 5,5 m

25 cm = 0,25 m
17 m 103 cm = 18,03 m
307 cm = 3,07 m

4 m 29 cm = 4,29 m
0,50 m = $\frac{1}{2}$ m
3,18 m = 3 m 118 cm

Lösung AB 12 a Kommaschreibweise bei Meter und Zentimeter

	Kilometer			Meter			
	H	Z	E	H	Z	E	
3 km 600 m			3	6	0	0	3,6 km
2 km 170 m			2	1	7	0	2,17 km
15 km 18 m		1	5	0	1	8	15,018 km
32 km 789 m		3	2	7	8	9	32,789 km
123 km 89 m	1	2	3	0	8	9	123,089 km
856 km 3 m	8	5	6	0	0	3	856,003 km
225 km 305 m	2	2	5	3	0	5	225,305 km
45 km 105 m		4	5	1	0	5	45, 105 km
350 km 7 m	3	5	0	0	0	7	350,007 km
100 km 100 m	1	0	0	1	0	0	100,1 km
1 km 1 m			1	0	0	1	1,001 km
45 km 5 m		4	5	0	0	5	45,005 km
93 km 78 m		9	3	0	7	8	93,078 km
111km 111 m	1	1	1	1	1	1	111,111 km

Lösung AB 12 b Kommaschreibweise bei Kilometer und Meter

	Kilometer			Meter			
	H	Z	E	H	Z	E	
55 m					5	5	0,055 km
77 m					7	7	0,077 km
6 m						6	0,006 km
677 m				6	7	7	0,677 km
9875 m			9	8	7	5	9,875 km
60123 m		6	0	1	2	3	60,123 km
789236 m	7	8	9	2	3	6	789,236 km
20530 m		2	0	5	3	0	20,530 km
78060 m		7	8	0	6	0	78,060 km
3654 m			3	6	5	4	3,654 km
893505 m	8	9	3	5	0	5	893,505 km
78230 m		7	8	2	3	0	78,23 km
140 m				1	4	0	0,140 km
42 m					4	2	0,042 km

Lösung AB 14 a Werkstattgeschichten

Wie viele Bretter brauchen sie?

10 Bretter pro Seite, 4 Seiten

$10 \cdot 4 = 40$

Sie brauchen 40 Bretter.

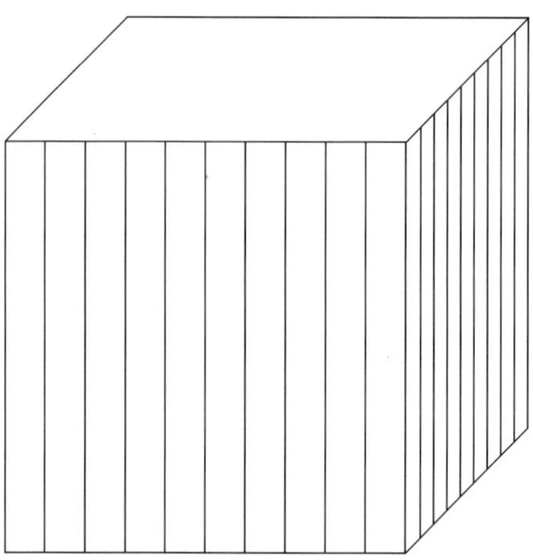

Lösung AB 14 b Werkstattgeschichten

Wie viele Bretter brauchen sie noch?

5 Bretter pro Dachfläche ➔ 10 Bretter
10 Bretter für den Boden

10 Bretter + 10 Bretter = 20 Bretter
40 Bretter + 20 Bretter = 60 Bretter

Sie brauchen noch 20 Bretter, also insgesamt 60 Bretter.

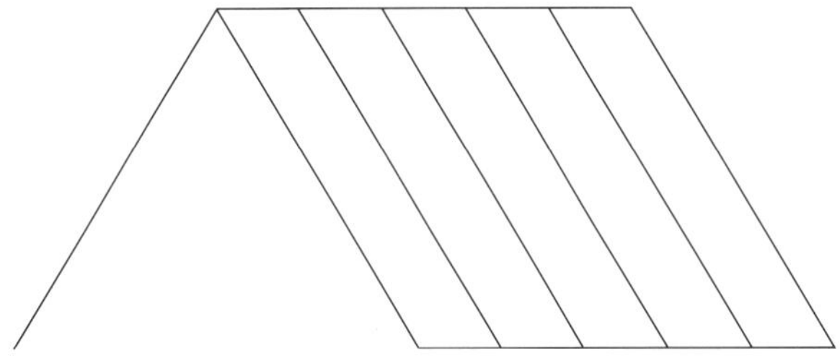

Lösung AB 14 c Werkstattgeschichten

Wie lang ist eine Seitenfläche auf der Skizze?

150 cm Seitenfläche in der Wirklichkeit = 150 mm auf der Skizze

150 mm = 15 cm

Eine Seite ist auf der Skizze 15 cm breit.

Lösung AB 14d Werkstattgeschichten

Wie viele Leisten braucht Felix? Wie viel Holz muss er bei Opa holen?

4 Fenster, je 4 Leisten = 16 Leisten

16 · 30 cm = 480 cm

Er braucht 16 Leisten. Dazu muss er bei Opa 480 cm Holz holen. Das sind 4,8 m.

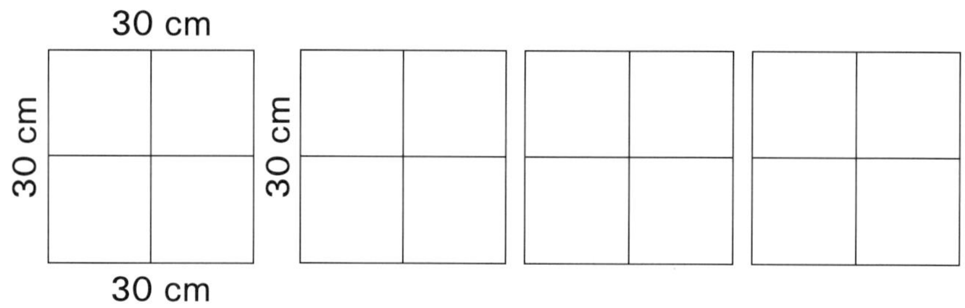

Lösung AB 14e Werkstattgeschichten

Wie viel Holz bleibt übrig?

100 cm – 75 cm = 25 cm

Es bleiben 25 cm Holz übrig.

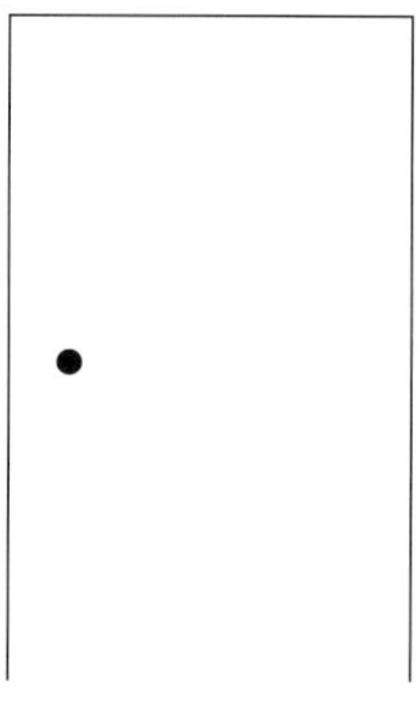

Lösung AB 14f Werkstattgeschichten

Wie viele Sprossen brauchen sie? Wie viel Holz brauchen sie für die gesamte Leiter?

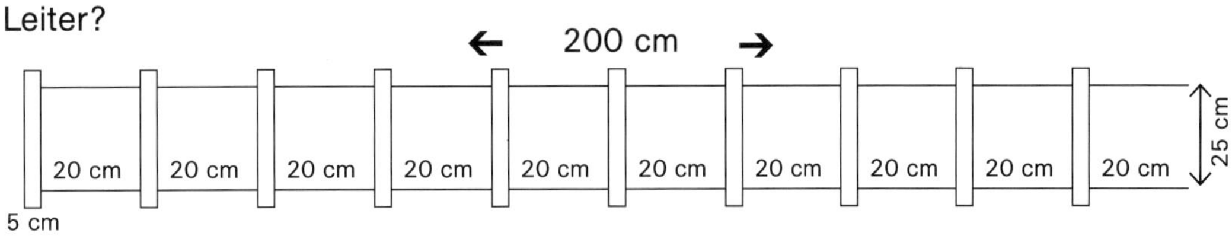

1. Die Leiter muss 2 m hoch sein.
2 m = 200 cm

2. Die Sprossen sollen immer 20 cm auseinanderliegen. Jede Sprosse ist 5 cm hoch. Abstand und Höhe der Sprossen betragen zusammen 25 cm.
20 cm + 5 cm = 25 cm
200 cm : 25 cm = 8

3. Für jede Sprosse benötigen sie 25 cm Holz.
8 · 25 cm = 200 cm

4. Neben den Sprossen müssen noch die beiden Außenseiten berechnet werden. Jeden Außenseite ist 200 cm lang.
200 cm + 200 cm = 400 cm

5. Nun rechnet man die Sprossen und die beiden Außenseiten zusammen.
200 cm + 400 cm = 600 cm

Die Leiter hat 8 Sprossen. Für die gesamte Leiter benötigen sie 600 cm Holz, das sind umgerechnet 6 m Holz.

Lösung AB 14g Werkstattgeschichten

Wie lang waren Hinweg, Rückweg und gesamter Weg?

Wie lang war der Hinweg?
200 m + 4 km 550 m = 4 km 750 m (4,75 km)

Wie lang war der Rückweg?
4 km 750 m + 2 km 500 m + 2 km 500 m = 9 km 750 m (9,75 km)

Wie lang war der gesamte Weg?
4 km 750 m + 9 km 750 m = 14 km 500 m (14,5 km)

Der Hinweg war 4,75 km lang. Der Rückweg war 9,75 km lang. Der gesamte Weg war 14,5 km lang.

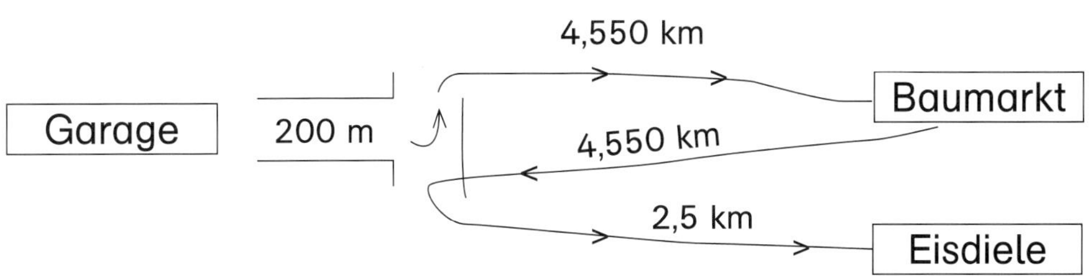

Lösung AB 14 h Werkstattgeschichten

Wie lang ist die Schnur?

50 cm – 18 cm – 7cm – 4 cm = 21 cm

Die Schnur ist 21 cm lang.

Wie groß sind die einzelnen Personen?

Mama: 190 cm – 15 cm = 175 cm

Felix: 175 cm – 40 cm = 135 cm

Bruder: 135 cm + 13 cm = 148 cm

Die Mutter ist 1,75 m, der Vater ist 1,90 m groß. Felix ist 1,35 m und sein Bruder 1,48 m groß.

Nach wie vielen Tagen kommt der Frosch am Brunnenrand an?

1. Tag 50 cm	1. Nacht – 10 = 40 cm
2. Tag 40 → 90	2. Nacht – 10 = 80 cm
3. Tag 80 → 130	3. Nacht – 10 = 120 cm
4. Tag 120 → 170	4. Nacht – 10 = 160 cm
5. Tag 160 → 210 cm = 2,10 m	

Nach fünf Tagen und 4 Nächten erreicht der Frosch den Brunnenrand.

Gewichte

Förderziele und Strategien:
- Die Schüler sollen die Gewichtseinheiten Gramm, Kilo und Tonne kennenlernen.
- Die Schüler sollen Gewichte richtig schätzen können.
- Die Schüler sollen mit Gewichtssteinen umgehen können.
- Die Schüler sollen das Gesamtgewicht von Teilelementen bestimmen können.
- Die Schüler sollen zum Kilo und zur Tonne ergänzen können.
- Die Schüler sollen die Kommaschreibweise üben.
- Die Schüler sollen Gewichtsangaben umwandeln können.
- Die Schüler sollen Rechengeschichten mit Gewichtsangaben mit der Lösungshilfe der Streifenskizze lösen können.

Material:
- K 15/AB 15: Schätzen, S. 50/55
- K 16/AB 17: Welche Gewichte müssen auf die Waage?, S. 50/55
- K 17/AB 17: Welche Gewichtssteine brauchst du?, S. 51/56
- K 18/AB 18: Wie viel wiegt der Einkauf?, S. 51/56
- K 19/AB 19: Ergänzen, S. 52/57
- K 20/AB 20: Kommaschreibweise bei Kilogramm und Gramm, S. 52/57
- K 21/AB 21: Kommaschreibweise bei Tonne und Kilogramm, S. 53/58
- K 22/AB 22: Umwandeln, S. 53/59
- K 23/AB 23 a–g: Geburtstagsparty, S. 54/60–63
- Lösungen

Vorarbeit des Lehrers/Erarbeitung durch die Kinder:
Wiederholen und besprechen Sie für diese Einheit im Unterricht jeweils folgende Inhalte:
- Gewichtseinheiten Gramm, Kilo und Tonne
- Umgang mit Gewichtssteinen
- Lösungshilfe einer Streifenskizze
- Ergänzungsstrategie zum vollen Kilo/zur vollen Tonne
- Stellenwertsystem bei Gewichtseinheiten.

Bereiten Sie diese Materialien vor:
- Wissenskarte und Karteikarte kopieren, ggf. vergrößern auf DIN A3, ausschneiden, laminieren.
- Arbeitsblätter/Kopiervorlagen kopieren, ggf. vergrößern.
- Lösungen ergänzen.
- Spiele vorbereiten, Lösungen ergänzen.
- Gewichtssteine und Waagen bereitstellen.

Wissenskarte

Das muss in meinen Kopf:

Gewichte:

g = Gramm	1 kg = 1000 g
kg = Kilogramm	1 t = 1000 kg
t = Tonne	

Das Komma trennt Kilogramm und Gramm: 1 kg 570 g = 1,570 kg
Das Komma trennt Tonne und Kilogramm: 8 t 670 kg = 8,670 t

K 15 Schätzen

Das brauchst du:

- AB 15

So arbeitest du:

1. Schätzt das Gewicht der einzelnen Dinge und Personen.
2. Besprich dann die Fragen mit einem Partner.
3. Überprüft eure Ergebnisse.

Tipp:

Schwere Gegenstände werden in Kilogramm oder Tonne gewogen. Leichte Dinge werden in Gramm gewogen.

K 16 Welche Gewichte müssen auf die Waage?

Das brauchst du:

- AB 16
- Gewichtssteine
- Waage
- Stift

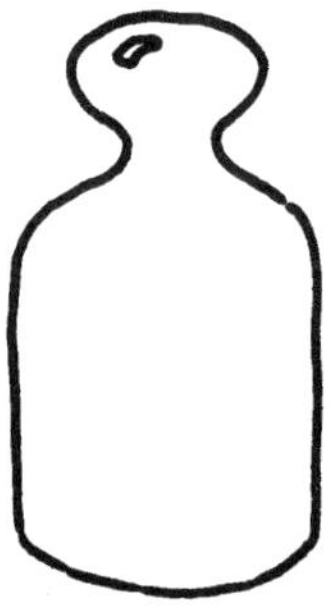

So arbeitest du:

1. Lies das Gewicht genau ab.
2. Stelle die passenden Gewichtssteine auf die Waage.
3. Überprüfe dein Ergebnis durch Ablesen der Waage und durch Rechnen.

Tipp:
Folgende Gewichtssteine helfen dir beim Lösen der Aufgaben.

K 17 Welche Gewichtssteine brauchst du?

Das brauchst du:

- AB 17
- Gewichtssteine
- Waage
- Stift

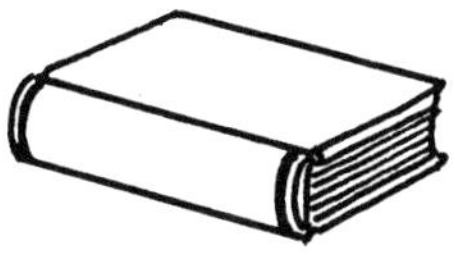

So arbeitest du:

1. Mit welchen Gewichtssteinen könnt ihr die folgenden Dinge wiegen?
2. Probiert es mit den Gewichtssteinen aus und stellt sie auf die Waage.
3. Kreuzt die passenden Gewichtssteine in der Tabelle an.
4. Überprüft euer Ergebnis.
5. Achtung, es gibt mehrere Möglichkeiten.

Tipp:

Überlegt genau, ob es sich um einen leichten oder einen schweren Gegenstand handelt. Entsprechend solltet ihr die Gewichtssteine auswählen.

K 18 Wie viel wiegt der Einkauf?

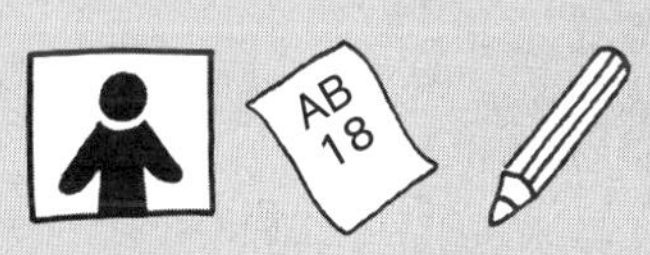

Das brauchst du:

- AB 18
- Stift

So arbeitest du:

1. Wie viel wiegt der Einkauf?
2. Rechne aus und vergleiche dein Ergebnis mit der Lösung.

Tipp:

Notiere deine Zwischenergebnisse.

K 19 Ergänzen

Das brauchst du:

- AB 19
- Lösungskarte, AB 19
- Stift

So arbeitest du:

1. Wie viel Gramm fehlen bis zu einem Kilogramm?
2. Wie viel Kilogramm fehlen bis zu einer Tonne?
3. Ergänze die Tabelle.
4. Kontrolliere deine Ergebnisse mit der Lösungskarte.

Tipp:

Rechne schriftlich untereinander. Du weißt: 1 kg = 1000 g und 1 t = 1000 kg.

K 20 Kommaschreibweise Kilogramm und Gramm

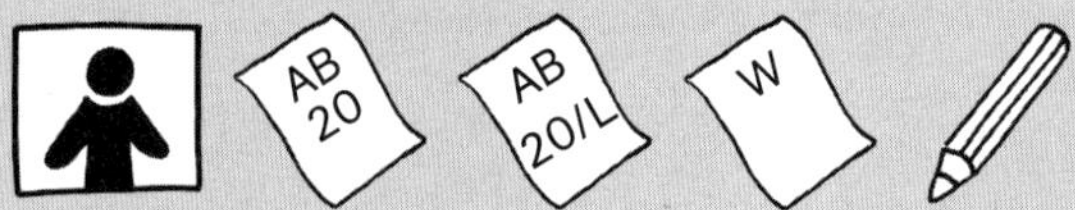

Das brauchst du:

- AB 20
- Lösungskarte, AB 20
- Wissenskarte Gewichte
- Stift

So arbeitest du:

1. Schreibe die Gewichtsangaben mit Komma.
2. Trage die Einheiten richtig in die Stellenwerttafel ein.
3. Kontrolliere dein Ergebnis mit der Lösungskarte.

Tipp:

Lies die Wissenskarten zu den Gewichten. Das Komma trennt Kilogramm und Gramm.

K 21 Kommaschreibweise Tonne und Kilogramm

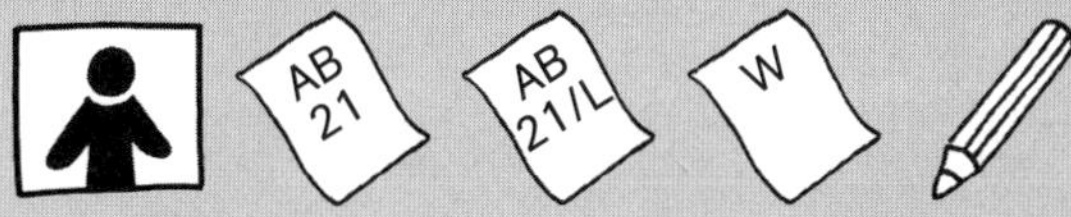

Das brauchst du:

- AB 21
- Lösungskarte, AB 21
- Wissenskarte Gewichte
- Stift

So arbeitest du:

1. Schreibe die Gewichtsangaben mit Komma.
2. Trage die Einheiten richtig in die Stellenwerttafel ein.
3. Kontrolliere dein Ergebnis mit der Lösungskarte.

Tipp:

Lies die Wissenskarten zu den Gewichten. Das Komma trennt Tonne und Kilogramm.

K 22 Umwandeln

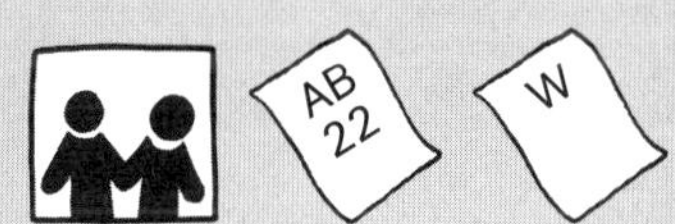

Das brauchst du:

- AB 22
- Wissenskarte Gewichte

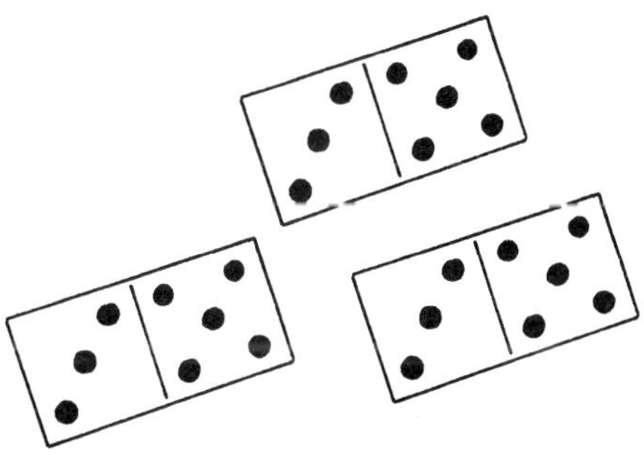

So arbeitest du:

1. Findet gleiche Gewichtsangaben.
2. Legt das Domino richtig aneinander.

Tipp:

Schaut noch einmal auf der Wissenskarte nach.

K 23 Geburtstagsparty

Das brauchst du:

- AB 23 a–g
- Lösungskarten, AB 23 a–g
- Stift

So arbeitest du:

1. Lies die Aufgabe.
2. Unterstreiche wichtige Wörter und Zahlen.
3. Suche die Rechenfrage.
4. Löse die Aufgabe.
5. Schreibe eine passende Antwort.
6. Kontrolliere dein Ergebnis auf der Rückseite.

Tipp:

Zeichne eine Streifenskizze. Sie hilft dir beim Lösen der Aufgabe.

Gesamtgewicht	
Gewicht 1	Gewicht 2

AB 15 Schätzen

Richtig oder falsch?

	☺	☹
Das Brot wiegt eine Tonne.		
Die Tafel Schokolade wiegt 100 g.		
Die Schultasche wiegt ungefähr 4 Kilogramm.		
Der Elefant wiegt 5 Tonnen.		
Eine Packung enthält 30 kg Zucker.		
Ein Kind wiegt in der 3. Klasse zwischen 25 kg und 35 kg.		
Ein Stift wiegt nur ein paar Gramm.		
Ein Auto wiegt fast eine Tonne.		

AB 16 Welche Gewichte müssen auf die Waage?

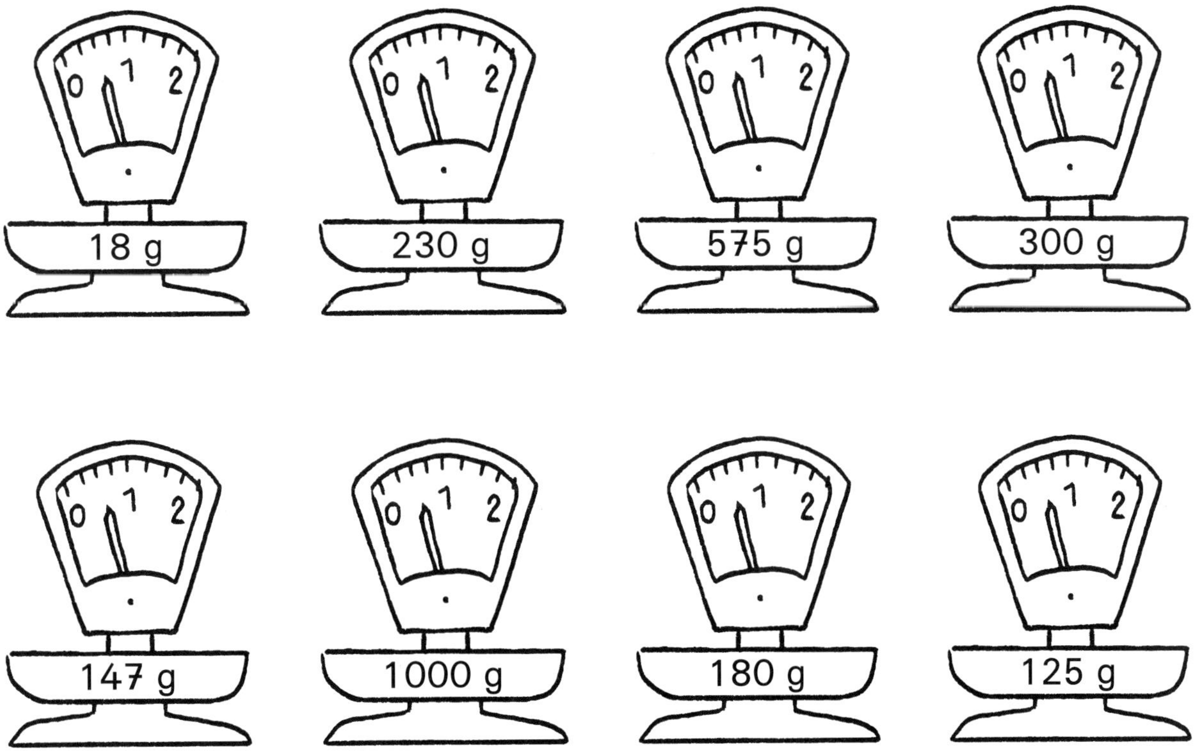

AB 17 Welche Gewichtssteine brauchst du?

	1 g	2 g	5 g	10 g	20 g	50 g	100 g	200 g	500 g	1 kg
Apfel 150 g										
Ball 233 g										
Buch 425 g										
Schokoriegel 60 g										
Heft 166 g										
Radiergummi 9 g										
Federmäppchen 389 g										
CD 88 g										
Puppe 240 g										
Brot 1220 g										

AB 18 Wie viel wiegt der Einkauf?

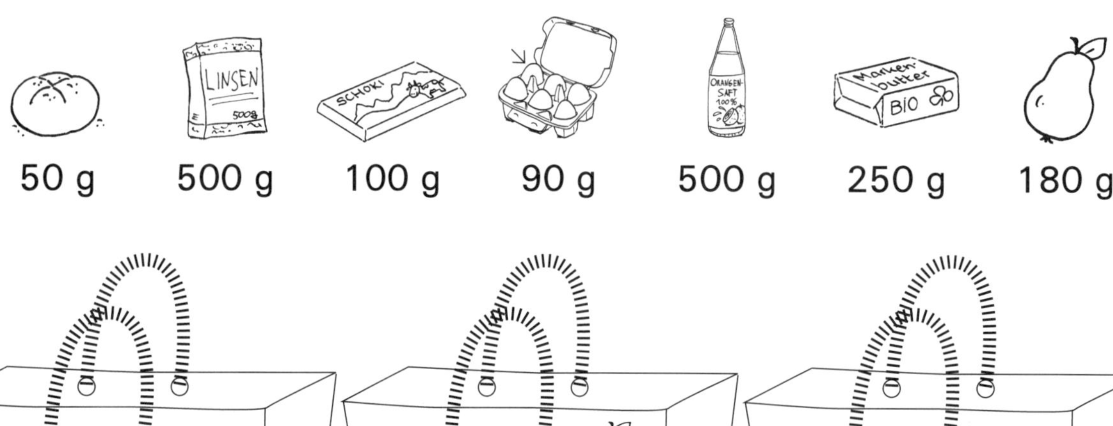

50 g | 500 g | 100 g | 90 g | 500 g | 250 g | 180 g

Lösung: 800 g, 1380 g, 540 g

AB 19 Ergänzen

1 kg	450 g	630 g	300 g	280 g	189 g	55 g	977 g	255 g	721 g

1 kg	890 g	746 g	236 g	190 g	33 g	7 g	968 g	892 g	472 g

1 t	400 kg	700 kg	980 kg	330 kg	281 kg	23 kg	890 kg	752 kg	123 kg

1 t	714 kg	452 kg	785 kg	3 kg	999 kg	604 kg	78 kg	9 kg	99 kg

AB 20 Kommaschreibweise bei Kilogramm und Gramm

	Kilogramm			**Gramm**			**Komma**
	H	Z	E	H	Z	E	
2 kg 30 g							
14 kg							
7 kg 567 g							
98 kg 7 g							
9 kg 123 g							
233 g							
4 g							
123 kg 7 g							
98 g							
65 kg 23 g							
562 g							

AB 21 Kommaschreibweise bei Tonne und Kilogramm

	Tonne			Kilogramm			Komma
	H	Z	E	H	Z	E	
3 t 500 kg							
125 t							
6 t 900 kg							
11 t 111 kg							
7 t 820 kg							
17 t							
4800 kg							
8320 kg							
350 kg							
9 kg							
88 kg							

AB 22 Vorlage Domino

Start	1 kg 10 g	1010 g	250 g
0,250 kg	1,750 kg	1 kg 750 g	1,100 kg
1100 g	19500 g	19,500 kg	3 t 55 kg
3055 kg	3 kg 7g	3007 g	1 kg 75 g
1075 g	3,7 kg	3 kg 700 g	355 g
0,355 kg	1950 g	1 kg 950 g	Ende

Vergrößern auf DIN A3

AB 23 a Geburtstagsparty – Vorbereitung

Vorbereitung der Feier

Lisa feiert am Wochenende ihren 10. Geburtstag. Es soll eine tolle Gartenparty werden, zu der sie alle ihre Freunde eingeladen hat. Allerdings muss der Garten zuerst vorbereitet werden. Papa entsorgt die Gartenabfälle und Lisa hilft ihm dabei. Sie sammeln 12 Säcke Laub ein.

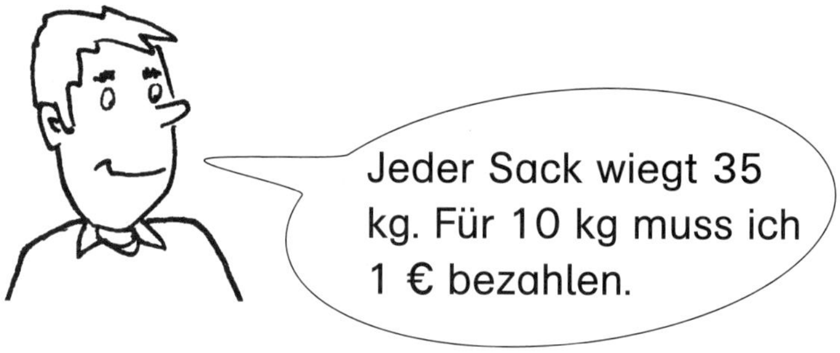

AB 23 b Geburtstagsparty – Vorbereitung

Gesamtgewicht

Geschafft! Lisa und Papa haben die Säcke ins Auto geladen. Lisa überlegt. Die Gartenabfälle wiegen 420 kg, sie wiegt 31 kg, Papa wiegt 86 kg und das Auto 750 kg. Wie viel Tonnen sind das?

AB 23 c Geburtstagsparty – Vorbereitung

Lastgewicht

Papa und Lisa fahren über eine Brücke. Lisa entdeckt ein Schild: Höchstgewicht 3 t.
Sie haben bereits ein Gesamtgewicht von 1 t 287 kg. Hätten sie noch den Anhänger mit dem alten Sofa mitnehmen können?

600 kg

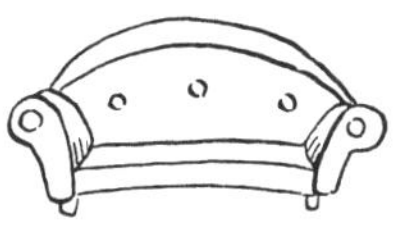
120 kg

AB 23 d Geburtstagsparty – Im Supermarkt

Würstchen für die Party

Auf dem Rückweg wollen Papa und Lisa alles für die Party im Supermarkt einkaufen. Zuerst besorgen sie die Würstchen. Sie brauchen 50 Stück. Ein Würstchen wiegt 50 g.

Wie viel wiegen die Würstchen?
Wie viel Kilogramm Würstchen muss Papa bestellen?

Tipp:

Berechne zuerst das Gewicht von 10 Würstchen.

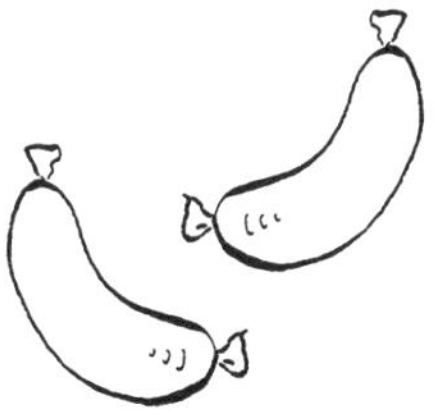

AB 23e Geburtstagsparty – Im Supermarkt

Salat

Für die Salate packt Lisa 2 kg Kartoffeln, 300 g Zwiebeln, 6 Gurken zu je 230 g, 560 g Tomaten und vier Salatköpfe zu je 250 g in den Einkaufswagen.

AB 23f Geburtstagsparty – Im Supermarkt

Knabbereien

Papa kauft noch Chips und Gummibärchen. Er weiß, Lisa hat 7 Gäste eingeladen. Pro Person rechnet er 50 g Gummibärchen und 100 g Chips.

Wie viel Gramm Gummibärchen und wie viel Gramm Chips braucht er? Wie viele Päckchen muss er kaufen?

Tipp:

Auch Lisa möchte etwas zum Naschen.

200 g 200 g

AB 23 g Geburtstagsparty – Geburtstagskuchen

Kuchenrezept

Am Tag vor der Party backen Lisa und ihre Mutter einen leckeren Geburtstagskuchen. Das Rezept reicht für 4 Personen.
Rechne die Zutaten aus, sodass alle 7 Gäste und auch Lisa einen Kuchen bekommen.

300 g Butter, weich	____________________
270 g Zucker	____________________
1 Beutel Vanillezucker	____________________
1 Prise Salz	____________________
5 Eier	____________________
375 g Mehl	____________________
12 g Backpulver	____________________
3 EL Milch	____________________
20 g Kakaopulver	____________________
20 g Zucker	____________________
3 EL Milch	____________________
Puderzucker	____________________

Lösung AB 15 Schätzen

1 kg | 2 kg | 100 g | 30 kg | 5 g | 750 g | 1 t | 5 t

Richtig oder falsch?

	☺	☹
Das Brot wiegt eine Tonne.		X
Die Tafel Schokolade wiegt 100 g.	X	
Die Schultasche wiegt ungefähr 5 Kilogramm.		X
Der Elefant wiegt 5 Tonnen.	X	
Eine Packung Zucker enthält 30 kg Zucker.		X
Ein Kind wiegt in der 3. Klasse zwischen 25 kg und 35 kg.	X	
Ein Stift wiegt nur ein paar Gramm.	X	
Ein Auto wiegt oft eine Tonne.	X	

Lösung AB 17 Welche Gewichtssteine brauchst du?

	1 g	2 g	5 g	10 g	20 g	50 g	100 g	200 g	500 g	1 kg
Apfel 150 g						1	1			
Ball 233 g	1	1		1	1			1		
Buch 425 g			1		1			2		
Schokoriegel 60 g				1		1				
Heft 166 g	1		1	1		1	1			
Radiergummi 9 g		2	1							
Federmäppchen 389 g		2	1	1	1	1	1	1		
CD 88 g	1	1	1	1	1	1				
Puppe 240 g					2			1		
Brot 1220 g					1			1		1

Es gibt verschiedene Möglichkeiten.

Lösung AB 19 Ergänzen

1 kg	450 g	630 g	300 g	280 g	189 g	55 g	977 g	255 g	721 g
	550 g	370 g	700 g	720 g	811 g	945 g	23 g	745 g	279 g

1 kg	890 g	746 g	236 g	190 g	33 g	7 g	968 g	892 g	472 g
	110 g	254 g	764 g	810 g	967 g	993 g	32 g	108 g	528 g

1 t	400 kg	700 kg	980 kg	330 kg	281 kg	23 kg	890 kg	752 kg	123 kg
	600 kg	300 kg	20 kg	670 kg	719 kg	977 kg	110 kg	248 kg	877 kg

1 t	714 kg	452 kg	785 kg	3 kg	999 kg	604 kg	78 kg	9 kg	99 kg
	286 kg	548 kg	215 kg	997 kg	1 kg	396 kg	922 kg	991 kg	901 kg

Lösung AB 20 Kommaschreibweise bei Kilogramm und Gramm

	Kilogramm			Gramm			
	H	Z	E	H	Z	E	
2 kg 30 g			2	0	3	0	2,030 kg
14 kg		1	4	0	0	0	14,0 kg
7 kg 567 g			7	5	6	7	7,567 kg
98 kg 7 g		9	8	0	0	7	98,007 kg
9 kg 123 g			9	1	2	3	9,123 kg
233 g			0	2	3	3	0,233 kg
4 g			0	0	0	4	0,004 kg
123 kg 7 g	1	2	3	0	0	7	123,007 kg
98 g			0	0	9	8	0,098 kg
65 kg 23 g		6	5	0	2	3	65,023 lg
562 g			0	5	6	2	0,562 kg

Lösung AB 21 Kommaschreibweise bei Tonne und Kilogramm

	Tonne			Kilogramm			
	H	Z	E	H	Z	E	
3 t 500 kg			3	5	0	0	3,500 t
125 t	1	2	5	0	0	0	125,000 t
6 t 900 kg			6	9	0	0	6,900 t
11 t 111 kg		1	1	1	1	1	11,111 t
7 t 820 kg			7	8	2	0	7,820 t
17 t		1	7	0	0	0	17,000 t
4800 kg			4	8	0	0	4,800 t
8320 kg			8	3	2	0	8,320 t
350 kg			0	3	5	0	0,350 t
9 kg			0	0	0	9	0,009 t
88 kg			0	0	8	8	0,088 t

Lösung AB 23 a Geburtstagsparty – Vorbereitung

Wie viel wiegt der Gartenabfall? Wie viel muss der Vater bezahlen?

35 kg	35 kg	35 kg	35 kg	35 kg	35 kg	35 kg	35 kg	35 kg	35 kg	35 kg	35 kg
?											

12 · 35 kg = 420 kg
10 kg → 1 €, 100 kg → 10 €
400 kg → 40 €, 20 kg → 2,00 €
420 kg → 42 €

Die Gartenabfälle wiegen 420 kg.
Dafür muss der Vater 42 € bezahlen.

Lösung AB 23 b Geburtstagsparty – Vorbereitung

Wie viel wiegt alles zusammen?

R: 420 kg + 31 kg + 86 kg + 750 kg = 1287 kg

!: Das Gesamtgewicht beträgt 1287 kg = 1 t 287 kg.

420 kg	31 kg	80 kg	750 kg
Gesamtgewicht: 1287 kg = 1 t 287 kg			

Lösung AB 23 c Geburtstagsparty – Vorbereitung

Dürfen sie die Brücke mit Anhänger und Sofa noch überqueren?

1 t 287 kg	600 kg	120 kg
2007 kg		

2007 kg	?
3000 kg	

R: 3 t = 3000 kg, 3000 kg – 2007 kg = 993 kg

!: Sie dürfen die Brücke überqueren.

Lösung AB 23 d Geburtstagsparty – Im Supermarkt

Wie viel Kilogramm Würstchen muss Papa bestellen?

50 g	50 g	50 g	50 g	50 g	50 g	50 g	50 g	50 g	50 g
500 g									

50 g	50 g	50 g	50 g	50 g	50 g	50 g	50 g	50 g	50 g
500 g									

50 g	50 g	50 g	50 g	50 g	50 g	50 g	50 g	50 g	50 g
500 g									

50 g	50 g	50 g	50 g	50 g	50 g	50 g	50 g	50 g	50 g
500 g									

50 g	50 g	50 g	50 g	50 g	50 g	50 g	50 g	50 g	50 g
500 g									

R: 500 g + 500 g + 500 g + 500 g + 500 g = 2500 g = 2 kg 500 g

!: Papa muss 2500 g Würstchen bestellen.
Das sind 2 kg und 500 g.

Lösung AB 23 e Geburtstagsparty – Im Supermarkt

Wie viel wiegt das Gemüse?

Gurken:

230 g	230 g	230 g	230 g	230 g	230 g
1380 g					

Salat:

250 g	250 g	250 g	250 g
2000 g			

Gesamtgewicht:

Kartoffeln	Zwiebeln	Gurken	Tomaten	Salat
2 kg = 2000 g	300 g	1380 g	560 g	2000 g
Gesamtgewicht				

R: 2000 g + 300 g + 1380 g + 560 g + 2000 g = 6240 g = 6 kg 240 g

!: Das Gemüse für die Salate wiegt 6 kg 240 g.

Lösung AB 23 f Geburtstagsparty – Im Supermarkt

Wie viel Gramm Gummibärchen und wie viel Gramm Chips braucht er? Wie viele Päckchen muss er kaufen?

50 g	50 g	50 g	50 g	50 g	50 g	50 g	50 g
400 g							

100 g	100 g	100 g	100 g	100 g	100 g	100 g	100 g
800 g							

$8 \cdot 50\ g = 400\ g$ $8 \cdot 100\ g = 800\ g$

Gummibärchen: $2 \cdot 200\ g = 400\ g$ Chips: $4 \cdot 200\ g = 800\ g$

Papa muss 400 g Gummibärchen, also 2 Packungen, kaufen.
Er muss 800 g Chips, also 4 Tüten, kaufen.

Lösung AB 23 g Geburtstagsparty – Im Supermarkt

Du musst alle Zutaten verdoppeln:

600 g Butter, weich
540 g Zucker
2 Beutel Vanillezucker
2 Prisen Salz
10 Eier
750 g Mehl
24 g Backpulver
6 EL Milch
40 g Kakaopulver
40 g Zucker
6 EL Milch
Puderzucker

Sachbezogene Mathematik – Größen

Zeit

Förderziele und Strategien:

- Die Schüler sollen Zeitdauer erfahren und abschätzen können.
- Die Schüler sollen ihre Sicherheit im Ablesen von Uhrzeiten steigern.
- Die Schüler sollen Zeitspannen berechnen können.
- Die Schüler sollen Zeitangaben umwandeln können.
- Die Schüler sollen Rechengeschichten mit Zeiten lösen können.
- Die Schüler sollen Pfeilbilder als Lösungshilfe anwenden können.

Material:

- K 24/AB 24: Zeitdauer erfahren, S. 71/76
- K 25/AB 25: Langsam oder schnell?, S. 71/76
- K 26/AB 26: Wie spät ist es? , S. 72/77
- K 27/AB 27: Wie viel Zeit ist vergangen?, S. 72/77
- K 28/AB 28: Fahrtdauer, S. 73/78
- K 29/AB 29: Umwandeln – Stunden und Minuten, S. 73/78
- K 30/AB 30: Umwandeln – Minuten und Sekunden, S. 74/79
- K 31/AB 31: Gleiche Zeitspannen, S. 74/79
- K 32/AB 32 a–i: Ferien, S. 75/80–84
- Lösungen

Vorarbeit des Lehrers/Erarbeitung durch die Kinder:

Wiederholen und besprechen Sie für diese Einheit im Unterricht jeweils folgende Inhalte:

- Zeiteinheiten
- Uhrzeiten
- Zeitspannen
- Pfeilbilder

Bereiten Sie diese Materialien vor:

- Karteikarten laminieren.
- Wissenskarte zur Verfügung stellen.
- Aufgabenkarten mit Lösungen versehen, laminieren.

Wissenskarte

Das muss in meinen Kopf:

Zeiteinheiten:

s = Sekunde
min = Minute
h = Stunde
1 Tag = 24 h
1 Woche = 7 Tage
1 Monat = 4 Wochen
1 Jahr = 12 Monate
1 Jahr = 365 Tage

1 min = 60 s
1 h = 60 min
1 Tag = 24 h
$\frac{1}{2}$ h = 30 min

Beispiel: 1 h 20 min = 80 min

Achtung: Zeitspannen darfst du nicht schriftlich untereinander rechnen!

K 24 Zeitdauer erfahren

Das brauchst du:

- AB 24
- Lösungskarte, AB 24
- Wissenskarte

So arbeitest du:

- Überlegt, wie lange die beschriebenen Handlungen dauern.
- Malt die Aussagen und die passenden Zeitangaben in der gleichen Farbe an.
- Kontrolliert mit der Lösungskarte.

Tipp:

Wiederholt die unterschiedlichen Zeiteinheiten mit der Wissenskarte.

K 25 Langsam oder schnell?

Das brauchst du:

- AB 25

So arbeitest du:

- Schaut euch die Bilder an.
- Wann vergeht die Zeit langsam und wann schnell?
- Warum vergeht die Zeit mal schnell und mal langsam?
- Besprecht eure Ergebnisse.

K 26 Wie spät ist es?

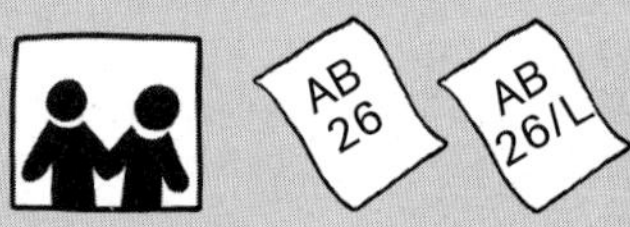

Das brauchst du:

- AB 26
- Lösungskarte, AB 26

So arbeitest du:

- Gib die richtige Uhrzeit an.
- Unterscheide Am Morgen/Am Vormittag ☼ und Am Nachmittag/Am Abend ☾.

Tipp:

Ein Tag dauert 24 Stunden. Unsere Uhren zeigen nur 12 Stunden an.
Beachte deshalb, welche Uhrzeit gemeint ist: die Zeit am Morgen oder am Abend.

K 27 Wie viel Zeit ist vergangen?

Das brauchst du:

- AB 27
- Lösungskarte, AB 27

So arbeitest du:

- Ergänze die vergangenen Zeitspannen in der Tabelle.
- Ergänze schrittweise, ein Pfeilbild hilft dir dabei.
- Kontrolliere die Ergebnisse mit der Lösungskarte.

Tipp:

Zeitspannen kannst du nicht berechnen. Löse die Aufgaben schrittweise mit einem Pfeilbild. Ergänze dazu zuerst zur vollen Stunde.

K 28 Fahrtdauer

AB 28 · AB 28/L

Das brauchst du:

- AB 28
- Lösungskarte, AB 28

So arbeitest du:

- Ein Zug fährt von München nach Frankfurt.
- Wie lange ist er unterwegs?
- Trage die fehlenden Zeitspannen ein.

Tipp:

Zeichne Pfeilbilder auf deinen Block und ergänze schrittweise.

K 29 Umwandeln – Stunden und Minuten

AB 29 · AB 29/L · W

Das brauchst du:

- AB 29
- Lösungskarte, AB 29
- Wissenskarte

So arbeitest du:

- Wandle die Zeitspannen um.
- Kontrolliere deine Ergebnisse mit der Lösungskarte.

Tipp:

Schau noch mal auf der Wissenskarte nach.

K 30 Umwandeln – Minuten und Sekunden

Das brauchst du:

- AB 30
- Lösungskarte, AB 30
- Wissenskarte

So arbeitest du:

- Wandle die Zeitspannen um.
- Kontrolliere deine Ergebnisse mit der Lösungskarte.

Tipp:

Schau noch einmal auf der Wissenskarte nach.

K 31 Gleiche Zeitspannen

Das brauchst du:

- AB 31
- Lösungskarte, AB 31
- Wäscheklammern (nummeriert von 1–9)
- Wissenskarte

So arbeitest du:

Welche Zeitspannen sind gleich?
Klammert die richtigen Ergebnisse.
Kontrolliert auf der Rückseite.

Tipp:

Schaut noch einmal auf der Wissenskarte nach.

K 32 Ferien

AB 32 a–i
AB 32 a–i/L

Das brauchst du:

- AB 31 a–i
- Lösungskarten, AB 31 a–i
- Stift

So arbeitest du:

1. Lies die Aufgabe.
2. Unterstreiche wichtige Wörter und Zahlen.
3. Suche die Rechenfrage.
4. Löse die Aufgabe.
5. Schreibe eine passende Antwort.
6. Kontrolliere dein Ergebnis auf der Rückseite.

Tipp:

Zeichne ein Pfeilbild und ergänze Zeitspannen schrittweise.

AB 24 Zeitdauer erfahren

Lisa macht ihre Hausaufgaben sehr schnell.	45 min
Die Klasse 3 a hat Mathematikunterricht bei Frau Huber.	1 Tag
Familie Meier macht Urlaub an der Nordsee.	30 s
Noah ist nach dem 50-m-Lauf erschöpft.	30 min
Niklas freut sich auf das spannende Fußballspiel.	135 min
Miriam hat heute ihre zweite Reitstunde.	7 Tage
Frau Müller macht mit der 4 b drei Stunden Kunstunterricht.	90 min
Die Kinder der Klasse 4 a freuen sich auf den Wandertag.	60 min

AB 25 Langsam oder schnell?

AB 26 Wie spät ist es?

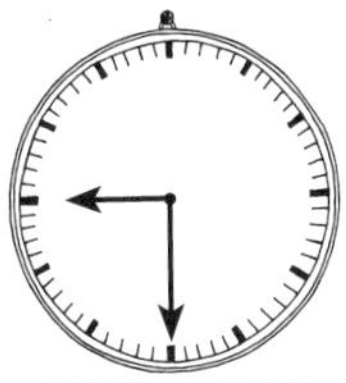		
☼: ______ ☾★: ______	☼: ______ ☾★: ______	☼: ______ ☾★: ______

☼: ______ ☾★: ______	☼: ______ ☾★: ______	☼: ______ ☾★: ______

AB 27 Wie viel Zeit ist vergangen?

9.20 Uhr ⟶ 10.00 Uhr ⟶ 10.30 Uhr

+ ____ min + ____ min

____ ***min =*** ____ ***h*** ____ ***min***

14.30 Uhr ⟶ 15.00 Uhr ⟶ 15.15 Uhr

+ ____ min + ____ min

____ ***min***

18.31 Uhr ⟶ 19.00 Uhr ⟶ 19.38 Uhr

+ ____ min + ____ min

+ ____ ***min =*** ____ ***h*** ____ ***min***

20.46 Uhr ⟶ 21.00 Uhr ⟶ 21.38 Uhr ⟶ 22.38 Uhr

+ ____ min + ____ min + ____ h

____ ***min =*** ____ ***h*** ____ ***min***

AB 28 Fahrtdauer

Abfahrt	Dauer	Ankunft
7.40 Uhr		11.53 Uhr
10.26 Uhr		14.08 Uhr
11.55 Uhr		15.53 Uhr
20.26 Uhr		0.08 Uhr

AB 29 Umwandeln – Stunden und Minuten

3 h = ______ min 7 h = ______ min 2 h = ______ min	10 h = ______ min 9 h = ______ min 4 h = ______ min	$2\frac{1}{2}$ h = ______ min $5\frac{1}{2}$ h = ______ min $3\frac{1}{2}$ h = ______ min
60 min = __ h 180 min = __ h 360 min = __ h	600 min = __ h 420 min = __ h 540 min = __ h	87 min = __ h ______ min 90 min = __ h ______ min 100 min = __ h ______ min

AB 30 Umwandeln – Minuten und Sekunden

5 min = ______ s	6 min = ______ s	1 min 10 s = ______ s
9 min = ______ s	2 min = ______ s	4 min 20 s = ______ s
10 min = ______ s	11 min = ______ s	8 min 40 s = ______ s
60 s = __ min	120 s = __ min	130 s = __ min ______ s
180 s = __ min	1200 s = __ min	200 s = __ min ______ s
360 s = __ min	600 s = __ min	177 s = __ min ______ s

AB 31 Gleiche Zeitspannen

1	5 Stunden	21 Tage
2	2 Tage	365 Tage
3	1 Woche	70 Tage
4	1 Jahr	24 Monate
5	10 Wochen	300 min
6	2 Jahre	600 min
7	10 Stunden	6 Monate
8	3 Wochen	48 h
9	$\frac{1}{2}$ Jahr	7 Tage

AB 32a Ferien

Wohin führt die Reise?
Familie Schmitt plant den Sommerurlaub. Auch die Kinder bringen verschiedene Vorschläge ein: London, Moskau, Köln, New York, Sydney, Ankara. Die Mutter möchte gerne ein Reiseziel mit wenig Zeitverschiebung. Kannst du der Familie helfen?
Schau dir die Uhrzeiten in den einzelnen Städten an und berechne den Zeitunterschied zu unserer Mitteleuropäischen Zeit in Berlin. Erstelle dazu eine Tabelle.

Berlin (MEZ)	London	Moskau	New York	Sydney	Ankara
12.00 Uhr	11.00 Uhr	14.00 Uhr	6.00 Uhr	21.00 Uhr	13.00 Uhr

Stadt	Ortszeit	Mitteleuropäische Zeit	Zeitunterschied
London	11.00 Uhr	12.00 Uhr	– 1 h

AB 32b Ferien

Am Flughafen
Am Flughafen starten viele Flugzeuge in verschiedene Länder. Bereits beim Abflug möchten die Passagiere wissen, wann sie am Zielort ankommen. Dabei spielt die Zeitverschiebung eine wichtige Rolle. Vervollständige die Pfeilbilder, indem du die Zeiten einträgst.

1. Wie spät ist es in London?

13.45 Uhr	⟶ +3h ⟶	________	⟶ – 1h ⟶	________
Abflug München	Flugzeit	Ankunft in London	Zeitverschiebung	Ortszeit London

2. Wie spät ist es in Ankara?

10.25 Uhr	⟶ ________ ⟶	12.35	⟶ +1h ⟶	________
Abflug München	Flugzeit	Ankunft in Ankara	Zeitverschiebung	Ortszeit Ankara

3. Wie spät ist es in New York?

7.30 Uhr	⟶ 8 h 20 min ⟶	________	⟶ – 6h ⟶	________
Abflug München	Flugzeit	Ankunft in New York	Zeitverschiebung	Ortszeit New York

Tipp:
Eine Uhr hilft dir als Anschauungsmaterial.

AB 32 c Ferien

Urlaubsanruf

Tante Marion ruft Familie Huber aus ihrem Urlaub in Australien an. Ihre Armbanduhr zeigt genau 9.45 Uhr. Wie spät ist es bei Familie Huber zu Hause in Nürnberg?

Wie spät ist es bei Familie Huber zu Hause in Nürnberg?

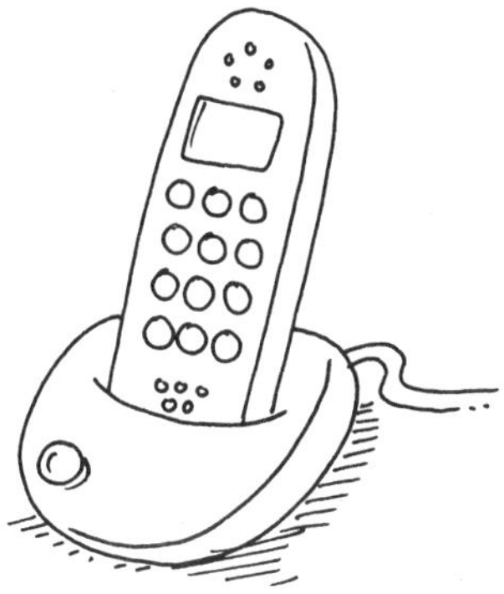

Tipp:
Die Zeitverschiebung beträgt + 9 h.

AB 32 d Ferien

Sommercamp

Die Geschwister Ben und Lisa besuchen in diesem Jahr ein Sommercamp. Am ersten Ferientag geht es los. Papa startet mit den Kindern um 9.30 Uhr. Nach einiger Zeit machen sie eine Pause von 20 Minuten. Kurz vorm Ziel muss Lisa zur Toilette, sodass der Vater noch mal für 10 Minuten anhält. Um 11.45 Uhr erreichen sie das Camp.

Wie lange dauert die Fahrt?
Wie lange sind sie tatsächlich ohne Pause gefahren?

AB 32 e Ferien

Zeitplan

Im Camp gibt es einen straffen Zeitplan. Ben und Lisa betrachten die Tafel am Eingang und möchten wissen, wie viel Freizeit sie am ersten Tag haben.

	Montag
7.30 Uhr – 8.30 Uhr	Frühstück
8.30 Uhr – 9.00 Uhr	Schlafplatz aufräumen
9.00 Uhr – 9.45 Uhr	Freizeit
9.45 Uhr – 12.00 Uhr	Walderkundung
12.00 Uhr – 13.00 Uhr	Mittagessen
13.00 Uhr – 14.30 Uhr	Freizeit
14.30 Uhr – 17.00 Uhr	Camp-Olympiade
17.00 Uhr – 17.30 Uhr	Freizeit
17.30 Uhr – 18.30 Uhr	Abendessen
18.30 Uhr – 19.30 Uhr	Freizeit
19.30 Uhr – 21.00 Uhr	Lagerfeuer
22.00 Uhr – 7.00 Uhr	Nachtruhe

Tipp: Markiere die Freizeitphasen mit Textmarker.

AB 32 f Ferien

Camp-Olympiade: Wettrennen

In der ersten Disziplin müssen alle an einem Wettrennen teilnehmen. Ben braucht 140 s für die Strecke. Lisa ist 10 s langsamer als Ben. Tobias läuft die Strecke 15 s schneller als Ben. Marie ist 12 s langsamer als Tobias.

Tipp:
Ein Pfeilbild hilft dir beim Lösen der Aufgabe.

AB 32 g Ferien

Camp-Olympiade: Staffellauf

Beim Staffellauf müssen die Kinder 4 · 50 m rückwärts laufen. Ben und Lisa sind mit Marie und Tobias in einer Mannschaft. Marie startet zuerst und braucht 42 Sekunden, Ben ist 10 Sekunden schneller als Marie. Tobias braucht 35 Sekunden und Lisa schafft die Strecke in der Hälfte der Zeit von Marie. Am Ende zählt die Gesamtzeit aller Läufer für die Wertung, gemessen in Minuten.

Tipp: Überlege dir erst die einzelnen Zeiten und dann die Gesamtzeit.
Ein Pfeilbild hilft dir.

AB 32 h Ferien

Camp-Olympiade: Schnitzeljagd

Zum Schluss machen alle Kinder eine Schnitzeljagd. Sie beginnt um 15.30 Uhr. Insgesamt müssen sie fünf Aufgaben erledigen. Für jede Aufgabe brauchen sie im Schnitt 10 Minuten. Wann ist die Preisverleihung, wenn noch eine Pause von 15 Minuten eingeplant ist?

AB 32 i Ferien

Abendprogramm am Lagerfeuer

Für das Lagerfeuer am Abend erstellen die Mädchen einen Programmablauf.

Wann?	Was?	Wer?
19.30 Uhr	Gemeinsames Liedersingen	Alle
20.00 Uhr	Witze	Ben und Tobias
20.15 Uhr	Kunststücke	Lisa und Marie
20.20 Uhr	Gitarrenlieder	Miriam
20.45 Uhr	Stockbrot	Frau Meier

Welche Fragen kannst du beantworten?

	☺	☹	Ergebnis
Welche Lieder singen die Kinder?			
Wie lange singen die Kinder?			
Wann endet der Witzeteil?			
Waren die Witze lustig?			
Wann gibt es Stockbrot?			
Wie lange dauern die Kunststücke?			

Lösung AB 24 Zeitdauer erfahren

Lisa macht ihre Hausaufgaben sehr schnell.	1	2	45 min
Die Klasse 3 a hat Mathematikunterricht bei Frau Huber.	2	8	1 Tag
Familie Meier macht Urlaub an der Nordsee.	3	4	30 s
Noah ist nach dem 50-m-Lauf erschöpft.	4	1	30 min
Niklas freut sich auf das spannende Fußballspiel.	5	7	135 min
Miriam hat heute ihre zweite Reitstunde.	6	3	7 Tage
Frau Müller macht mit der 4b drei Stunden Kunstunterricht.	7	5	90 min
Die Kinder der Klasse 4 a freuen sich auf den Wandertag.	8	6	60 min

Lösung AB 26 Wie spät ist es?

☼: 8.30 Uhr ☾★: 20.30 Uhr	☼: 6.45 Uhr ☾★: 18.45 Uhr	☼: 11.20 Uhr ☾★: 23.20 Uhr

☼: 2.40 Uhr ☾★: 14.40 Uhr	☼: 7.22 Uhr ☾★: 19.22 Uhr	☼: 10.08 Uhr ☾★: 22.08 Uhr

Lösung AB 27 Wie viel Zeit ist vergangen?

9.20 Uhr → 10.00 Uhr → 10.30 Uhr

+ 40 min + 30 min

70 min = 1 h 10 min

14.30 Uhr → 15.00 Uhr → 15.15 Uhr

+ 30 min + 15 min

45 min

18.31 Uhr → 19.00 Uhr → 19.38 Uhr

+ 29 min + 38 min

67 min = 1 h 7 min

20.46 Uhr → 21.00 Uhr → 21.38 Uhr → 22.38 Uhr

+ 14 min + 38 min + 1 h

112 min = 1 h 52 min

Lösung AB 28 Fahrtdauer

Abfahrt	Dauer	Ankunft
7.40 Uhr	*4 h 13 min*	11.53 Uhr
10.26 Uhr	*3 h 42 min*	14.08 Uhr
11.55 Uhr	*3 h 58 min*	15.53 Uhr
20.26 Uhr	*3 h 42 min*	0.08 Uhr

Lösung AB 29 Umwandeln – Stunden und Minuten

3 h = 180 min	10 h = 600 min	$2\frac{1}{2}$ h = 150 min
7 h = 420 min	9 h = 540 min	$5\frac{1}{2}$ h = 330 min
2 h = 120 min	4 h = 240 min	$3\frac{1}{2}$ h = 210 min
60 min = 1 h	600 min = 10 h	87 min = 1 h 27 min
180 min = 3 h	420 min = 7 h	90 min = 1 h 30 min
360 min = 6 h	540 min = 9 h	100 min = 1 h 40 min

Lösung AB 30 Umwandeln – Minuten und Sekunden

5 min = 300 s	6 min = 360 s	1 min 10 s = 70 s
9 min = 540 s	2 min = 120 s	4 min 20 s = 260 s
10 min = 600 s	11 min = 660 s	8 min 40 s = 520 s
60 s = 1 min	120 s = 2 min	130 s = 2 min 10 s
180 s = 3 min	1200 s = 20 min	200 s = 3 min 20 s
360 s = 6 min	600 s = 10 min	177 s = 2 min 57 s

Lösung AB 31 Gleiche Zeitspannen

1	5 Stunden	300 min
2	2 Tage	48 h
3	1 Woche	7 Tage
4	1 Jahr	365 Tage
5	10 Wochen	70 Tage
6	2 Jahre	24 Monate
7	10 Stunden	600 min
8	3 Wochen	21 Tage
9	$\frac{1}{2}$ Jahr	6 Monate

Lösung AB 32 a Ferien

Stadt	Ortszeit	Mitteleuropäische Zeit	Zeitunterschied
London	11.00 Uhr	12.00 Uhr	− 1 h
Moskau	14.00 Uhr	12.00 Uhr	+ 2 h
New York	6.00 Uhr	12.00 Uhr	− 6 h
Sydney	21.00 Uhr	12.00 Uhr	+ 9 h
Ankara	13.00 Uhr	12.00 Uhr	+ 1 h

Lösung AB 32 b Ferien

1. Wie spät ist es in London?

13.45 Uhr ⟶	+3h ⟶	16.45 ⟶	- 1h ⟶	15.45 Uhr
Abflug München	Flugzeit	Ankunft in London	Zeitverschiebung	Ortszeit London

2. Wie spät ist es in Ankara?

10.25 Uhr ⟶	+2h 10 min ⟶	12.35 ⟶	+1h ⟶	13.35 Uhr
Abflug München	Flugzeit	Ankunft in Ankara	Zeitverschiebung	Ortszeit Ankara

3. Wie spät ist es in New York?

7.30 Uhr ⟶	8 h 20 min ⟶	15.50 ⟶	- 6h ⟶	9.50
Abflug München	Flugzeit	Ankunft in New York	Zeitverschiebung	Ortszeit New York

Lösung AB 32 c Ferien

Wie spät ist es bei Familie Huber zu Hause in Nürnberg?

9.45 Uhr ⟶ + 9 h ⟶ 18.45 Uhr

Es ist 18.45 Uhr bei Familie Huber zu Hause in Nürnberg.

Lösung AB 32d Ferien

Wie lange dauert die Fahrt? Wie lange sind sie tatsächlich ohne Pause gefahren?

9.30 Uhr → **+ 30 min** → 10 Uhr → **+ 1h** → 11 Uhr → **+ 45 min** → 11.45 Uhr
Fahrtdauer: 2 h 15 min

Tatsächliche Fahrtzeit: 2 h 15 min → 30 min Pause → 1 h 45 min

Sie waren 2 Stunden und 15 Minuten unterwegs.
Gefahren sind sie 1 Stunde 45 Minuten ohne Pause.

Lösung AB 32e Ferien

	Montag
7.30 Uhr – 8.30 Uhr	Frühstück
8.30 Uhr – 9.00 Uhr	Schlafplatz aufräumen
9.00 Uhr – 9.45 Uhr	**Freizeit**
9.45 Uhr – 12.00 Uhr	Walderkundung
12.00 Uhr – 13.00 Uhr	Mittagessen
13.00 Uhr – 14.30 Uhr	**Freizeit**
14.30 Uhr – 17.00 Uhr	Camp-Olympiade
17.00 Uhr – 17.30 Uhr	**Freizeit**
17.30 Uhr – 18.30 Uhr	Abendessen
18.30 Uhr – 19.30 Uhr	**Freizeit**
19.30 Uhr – 21.00 Uhr	Lagerfeuer
22.00 Uhr – 7.00 Uhr	Nachtruhe

Wie viel Freizeit haben die Geschwister?

45 min
+ 1 h 30 min
+ 30 min
+ 1 h
= 3 h 45 min

Die Geschwister haben 3 h 45 min Freizeit.

Lösung AB 32f Ferien

Wer ist der schnellste Läufer?

Ben:	140 s
Lisa:	140 s ⟶ + 10 s ⟶ 150 s
Tobias:	140 s ⟶ − 15 s ⟶ 125 s
Marie:	125 s ⟶ + 12 s ⟶ 137 s

Tobias ist am schnellsten. Er braucht 125 Sekunden.

Lösung AB 32g Ferien

Wie schnell sind die Kinder zusammen gelaufen?

Marie:	42 s
Ben:	42 s − 10s = 32 s
Tobias:	35 s
Lisa:	42 s : 2 = 21 s

Gesamtzeit: 130 s = 2 Minuten, 10 Sekunden

Die Kinder sind zusammen 2 Minuten, 10 Sekunden gelaufen.

Lösung AB 32 h Ferien

Wann ist die Preisverleihung?

5 Aufgaben je 10 Minuten = 50 Minuten

15.30 Uhr ⟶ + 50 min ⟶ 16. 20 Uhr ⟶ + 15 min ⟶ 16. 35 Uhr

Die Preisverteilung ist um 16.35 Uhr.

Lösung AB 32 i Ferien

	☺	☹	Ergebnis
Welche Lieder singen die Kinder?		X	
Wie lange singen die Kinder?	X		30 min
Wann endet der Witzeteil?	X		20.15 Uhr
Waren die Witze lustig?		X	
Wann gibt es Stockbrot?	X		20.45 Uhr
Wie lange dauern die Kunststücke?	X		5 min

Sachbezogene Mathematik – Größen

Hohlmaße

Förderziele und Strategien:

- Die Schüler sollen Flüssigkeiten abmessen können.
- Die Schüler sollen die gängigen Hohlmaße kennen.
- Die Schüler sollen zum vollen Liter ergänzen können.
- Die Schüler sollen l in ml umwandeln können.
- Die Schüler sollen Hohlmaße mit Komma schreiben können.
- Die Schüler sollen Hohlmaße vergleichen können.
- Die Schüler sollen Rechengeschichten mit Hohlmaßen lösen können.
- Die Schüler sollen einfache Aufgabenstellungen durch konkretes Ausprobieren lösen und überprüfen.

Material:

- K 33/AB 33: Wie viel Flüssigkeit ist im Messbecher?, S. 94/97
- K 34/AB 34: Ergänzen zu einem Liter, S. 94/98
- K 35/AB 35: Schätzen, S. 95/98
- K 36/AB 36: Umwandeln, S. 95/99
- K 37/AB 37: Kommaschreibweise, S. 96/99
- K 38/AB 38: Vergleichen, S. 96/100
- K 39/AB 39: Lieblingsgetränke, Aufgabe a–f , S. 97/100–103
- Lösungen

Vorarbeit des Lehrers/Erarbeitung durch die Kinder:

Wiederholen und besprechen Sie für diese Einheit im Unterricht jeweils folgende Inhalte:

- Hohlmaße
- Liter und Milliliter als Einheiten
- Skalierung des Messbechers
- Umwandlung zwischen l und ml
- Angaben ml, l und hl wiederholen
- Umwandlungsregeln
- Stellenwertsystem bei Hohlmaßen
- Lösungshilfe durch konkretes Ausprobieren

Bereiten Sie bereits vorher diese Materialien vor:

- Karteikarten kopieren, ausschneiden, laminieren.
- Aufgabenkarten kopieren, ausschneiden, mit Lösungen versehen, laminieren.

Wissenskarte

Das muss in meinen Kopf:

Hohlmaße

1 hl = 100 l

1 l = 1000 ml

$\frac{1}{2}$ l = 500 ml

$\frac{1}{4}$ l = 250 ml

$\frac{1}{2}$ l + $\frac{1}{2}$ l = 1 l

$\frac{1}{4}$ l + $\frac{1}{4}$ l + $\frac{1}{4}$ l + $\frac{1}{4}$ l = 1 l

$\frac{1}{8}$ l + $\frac{1}{8}$ l + $\frac{1}{8}$ l + $\frac{1}{8}$ l + $\frac{1}{8}$ l + $\frac{1}{8}$ l + $\frac{1}{8}$ l + $\frac{1}{8}$ l = 1 l

$\frac{1}{4}$ l + $\frac{3}{4}$ l = 1 l

Das Komma trennt Liter und Milliliter.

1 l 250 ml = 1,250 l
500 ml = 0,500 ml

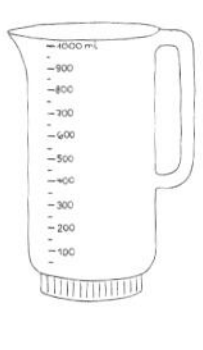

K 33 Wie viel Flüssigkeit ist im Messbecher?

Das brauchst du:

- AB 33
- Lösungskarte, AB 33
- Wissenskarte Hohlmaße

So arbeitest du:

1. Verbindet die Angaben mit dem passenden Messbecher.
2. Kontrolliert eure Ergebnis mit der Lösungskarte.

Tipp:

Die Wissenskarte hilft euch dabei.

K 34 Ergänzen zu einem Liter

Das brauchst du:

- AB 34
- Lösungskarte, AB 34
- 2 Messbecher
- Wasser

So arbeitest du:

1. Wie viel fehlt zu einem Liter?
2. Ergänzt die Füllstände in den Bildern und die fehlenden Angaben.
3. Es ist einfacher, wenn ihr zuerst von einem Liter Wasser die entsprechende Flüssigkeit in einen zweiten Messbecher gießt.
4. Ihr könnt dann die fehlende Flüssigkeit am zweiten Messbecher einfach ablesen.

Tipp:

Du kannst an der Skalierung des Messbechers Liter und Milliliter ablesen.

K 35 Schätzen

Das brauchst du:

- AB 35
- Lösungskarte, AB 35

So arbeitest du:

1. Wie viel Flüssigkeit passt in die einzelnen Gefäße?
2. Schätze und trage die Buchstaben entsprechend ein.
3. Kontrolliere das Lösungswort (Lupenkontrolle).

Tipp:

Besprich dich mit einem Partner.

K 36 Umwandeln

Das brauchst du:

- AB 36
- Lösungskarte, AB 36
- Wissenskarte

So arbeitest du:

1. Wandle die Literangaben in Milliliter um.
2. Kontrolliere mit der Lösungskarte.

Tipp:

Die Wissenskarte hilft dir.

K 37 Kommaschreibweise

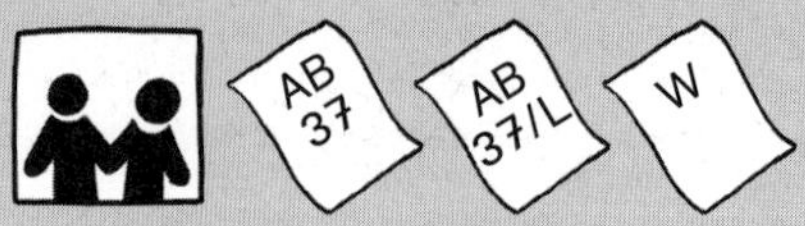

Das brauchst du:

- AB 37
- Lösungskarte, AB 37
- Wissenskarte

So arbeitest du:

1. Schreibt die Hohlmaße mit Komma.
2. Kontrolliert mit der Lösungskarte.

Tipp:

Das Komma trennt Liter und Milliliter.

K 38 Vergleichen

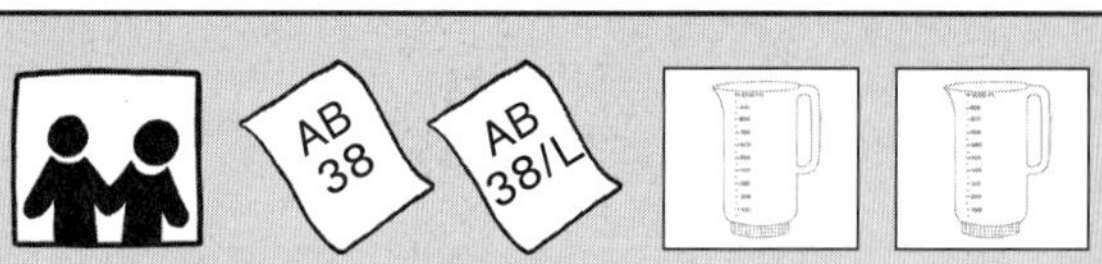

Das brauchst du:

- AB 38
- Lösungskarte, AB 38
- 2 Messbecher

So arbeitest du:

1. Vergleicht die Hohlmaße.
2. Tragt die Zeichen >, < und = richtig ein.
3. Kontrolliert mit der Lösungskarte.

Tipp:

Füllt die entsprechenden Angaben mit Wasser in die Messbecher ein.
Jetzt ist das Ergebnis klar abzulesen.

K 39 Lieblingsgetränke

AB 39 | AB 39/L

Das brauchst du:

- AB 39 a–e
- Lösungskarten, AB 39 a–e

So arbeitest du:

1. Lies die Aufgabe.
2. Unterstreiche wichtige Wörter und Zahlen.
3. Suche die Rechenfrage.
4. Löse die Aufgabe.
5. Schreibe eine passende Antwort.
6. Kontrolliere dein Ergebnis auf der Rückseite.

Tipp:

Spiele die Aufgabe nach. Fülle dazu die angegebenen Mengen der Flüssigkeit in den Messbecher.

AB 33 Wie viel Flüssigkeit ist im Messbecher?

$\frac{1}{4}$ l	○	○	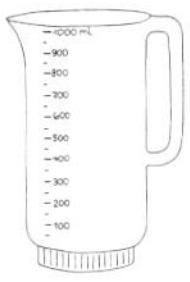 1000 ml
1 l	○	○	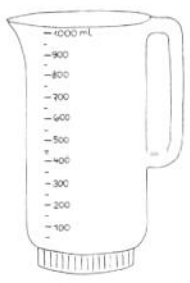 250 ml
$\frac{1}{2}$ l	○	○	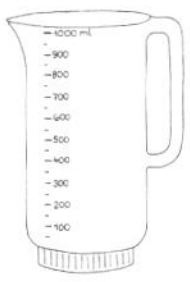 750 ml
$\frac{1}{8}$ l	○	○	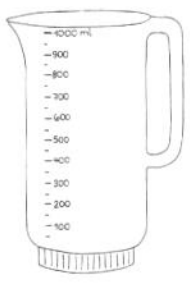 125 ml
$\frac{3}{4}$ l	○	○	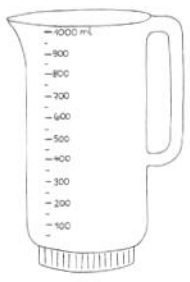 500 ml

AB 34 Ergänzen zu einem Liter

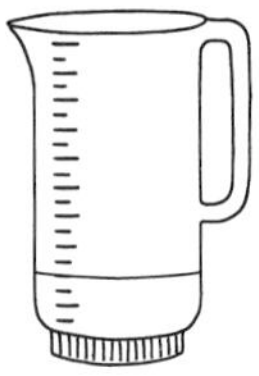 + 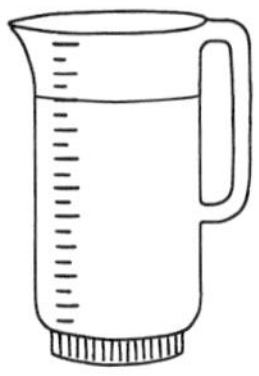 = 1 l

______ ______

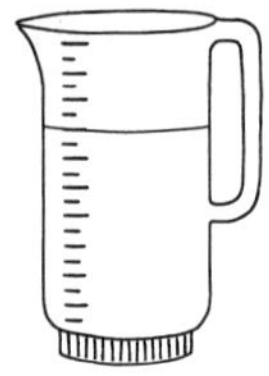 + 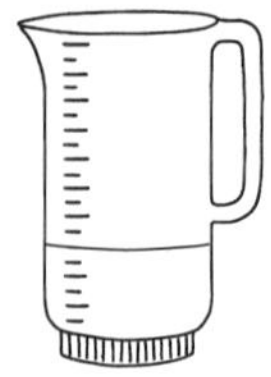 = 1 l

______ ______

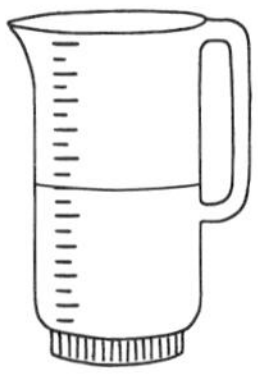 + 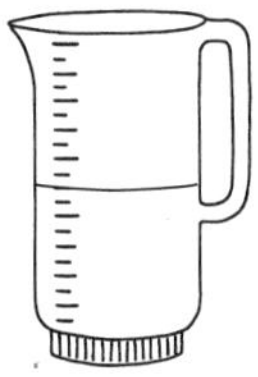 = 1 l

______ ______

 + 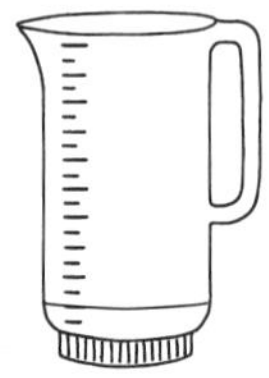 = 1 l

______ ______

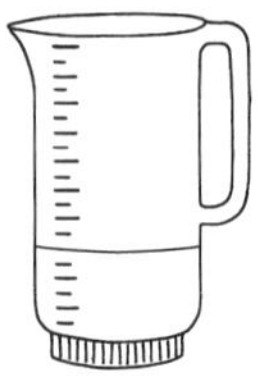 + 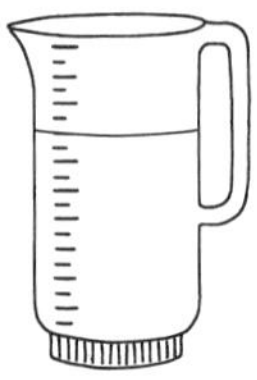 = 1 l

______ ______

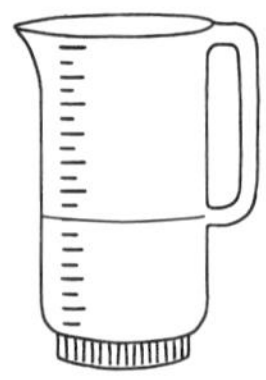 + 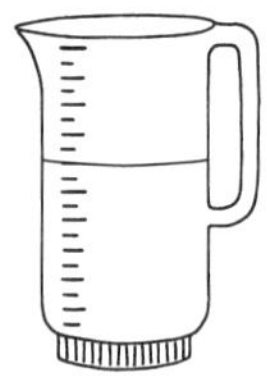 = 1 l

______ ______

AB 35 Schätzen

I	I	L	T	E

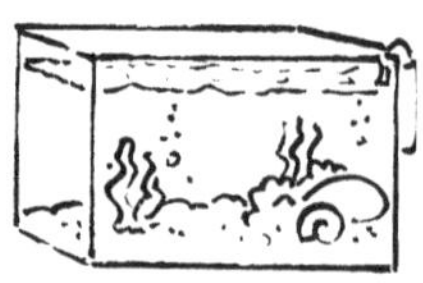

M	L	L	I	R

1 l	10 l	500 ml	700 ml	5 l	200 ml	100 l	125 ml	2 ml	$1\frac{1}{2}$ l

Lösung: Milliliter

AB 36 Umwandeln

1 l = ______ ml	2 l = ______ ml	4 l = ______ ml
$\frac{3}{4}$ l = ______ ml	$1\frac{1}{2}$ l = ______ ml	$2\frac{1}{2}$ l = ______ ml
$\frac{1}{2}$ l = ______ ml	5 l = ______ ml	$3\frac{1}{8}$ l = ______ ml
$\frac{1}{4}$ l = ______ ml	$3\frac{1}{4}$ l = ______ ml	6 l = ______ ml
$\frac{1}{8}$ l = ______ ml	$2\frac{1}{8}$ l = ______ ml	$7\frac{3}{4}$ l = ______ ml

AB 37 Kommaschreibweise

	Liter			Milliliter			
	H	Z	E	H	Z	E	
1 l 250 ml			1	2	5	0	1,250 l
3 l 500 ml							
5 l 200 ml							
13 l 320ml							
25 l 850 ml							
66 l 900 ml							
333 ml							
250 ml							
100 ml							
25 ml							
60 ml							
3 ml							
5 ml							

AB 38 Vergleichen

100 ml ◯ 1 l	400 ml ◯ $\frac{1}{2}$ l	333 ml ◯ 0,033 l
10 ml ◯ 1 l	250 ml ◯ 600 ml	20 ml ◯ 20 l
1 ml ◯ 1 l	$\frac{1}{2}$ l ml ◯ 500 ml	100 l ◯ 100 ml
1000 ml ◯ 1 l	2 l ◯ 2000 ml	1125 ml ◯ $1\frac{1}{4}$ l
0,100 ml ◯ 1 l	1500 ml ◯ $1\frac{1}{2}$ l	1125 ml ◯ $1\frac{1}{8}$ l
0,010 ml ◯ 1 l	0,250 l ◯ 250 ml	300 ml ◯ 300 l

AB 39 a Lieblingsgetränke

Umschütten

Manuela möchte den Orangensaft auf die Gläser verteilen. Wie viele Gläser kann sie füllen?

1,5 l

a) $\frac{1}{4}$ l

b) $\frac{1}{8}$ l

Tipp:

Spiele die Aufgabe nach. Fülle dazu die angegebenen Mengen der Flüssigkeit in den Messbecher.

AB 39 b Lieblingsgetränke

Bananen-Milchshake

Linda mixt für ihre Freunde Bananen-Milchshake. Pro Shake braucht sie 1 Banane und 230 ml Milch. Sie hat 5 Freunde eingeladen.

?

R

!

Tipp:

Spiele die Aufgabe nach. Fülle dazu die angegebenen Mengen der Flüssigkeit in den Messbecher. Auch Linda möchte einen Shake.

AB 39 c Lieblingsgetränke

Sommercocktail

Marius mischt für die Sommerparty seinen Lieblingscocktail. Er füllt 300 ml Orangensaft, 230 ml Bananensaft und 350 ml Maracujasaft in einen Krug. Zum Schluss gießt er noch 100 ml Zitronensaft dazu. Er hat drei Freunde eingeladen. Pro Person rechnet er 200 ml.

?

R

!

Tipp:

Spiele die Aufgabe nach. Fülle dazu die angegebenen Mengen der Flüssigkeit in den Messbecher. Auch Marius möchte einen Cocktail.

AB 39 d Lieblingsgetränke

Schorle

Frau Müller hat für die Familie Schorle vorbereitet. Sie besteht aus zwei Drittel Wasser und aus einem Drittel Fruchtsaft. Insgesamt hat sie 12 l Schorle gemixt.

Tipp:

Diese Mengen kannst du nicht mehr umschütten.
Es hilft dir eine Zeichnung.

1,5 l 0,7 l

AB 39 e Lieblingsgetränke

Im Getränkemarkt

Vater kauft die Lieblingsgetränke der Familie ein. Ein Kasten Wasser mit 12 Flaschen, ein Kasten Apfelsaftschorle mit 20 Flaschen und einen Kasten Orangensaft mit 6 Flaschen. Die Wasserflaschen enthalten je 0,75 l, die Flaschen mit Apfelsaftschorle enthalten je 0,5 l und die Saftflaschen je 1,5 l.

Wie viel Liter sind das?

Tipp:

Beachte den Flascheninhalt der einzelnen Getränke.

AB 39 f Lieblingsgetränke

Johannisbeersaft
Beatrix trinkt am liebsten Johannisbeersaftschorle. In einem Kasten befinden sich 15 l Johannisbeersaft. In eine Flasche passen genau 750 ml.

a) Wie viele Flaschen sind das?
b) Wie viel Flaschen Wasser zu je 0,5 l braucht sie, um die Schorle im Verhältnis 1:1 zu mischen?

Lösung AB 33 Wie viel Flüssigkeit ist im Messbecher?

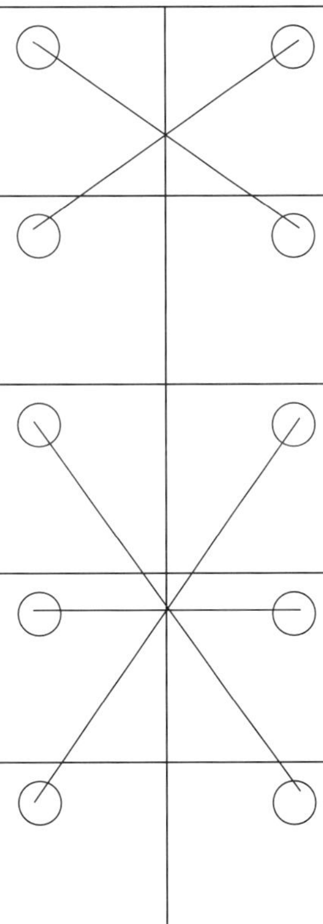

$\frac{1}{4}$ l	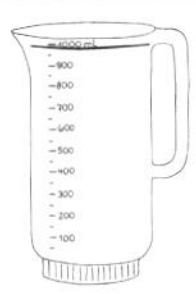	1000 ml
1 l	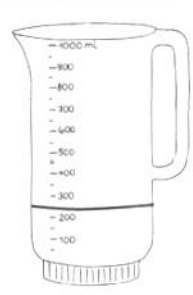	250 ml
$\frac{1}{2}$ l	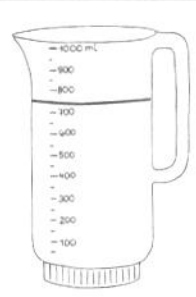	750 ml
$\frac{1}{8}$ l	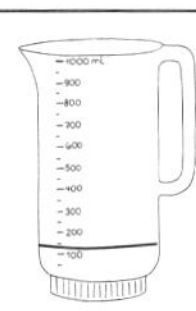	125 ml
$\frac{3}{4}$ l	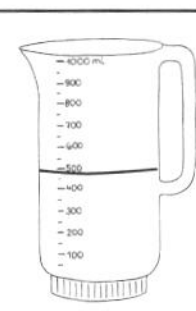	500 ml

Lösung AB 34 Ergänzen zu einem Liter

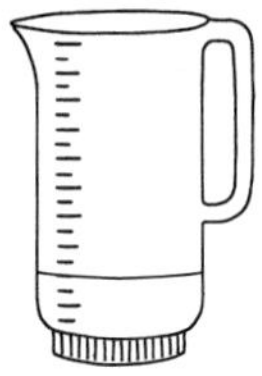 + 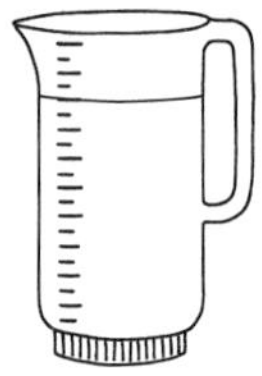 = 1 l

200 ml + 800 ml = 1 l

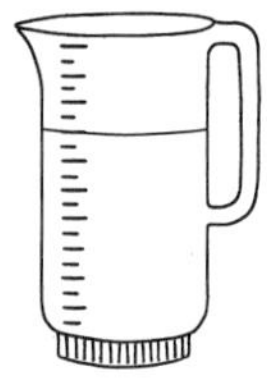 + 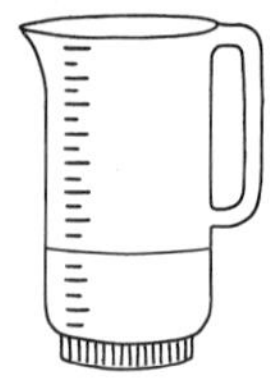 = 1 l

700 ml + 300 ml = 1 l

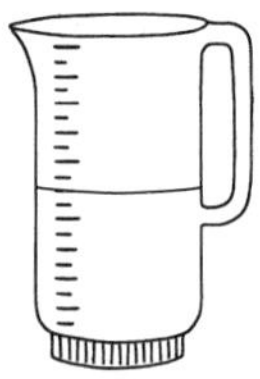 + 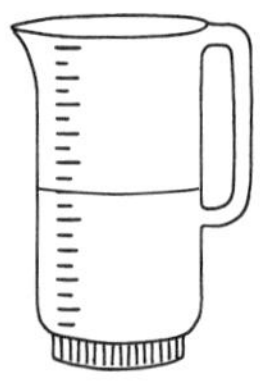 = 1 l

500 ml + 500 ml = 1 l

 +  = 1 l

900 ml + 100 ml = 1 l

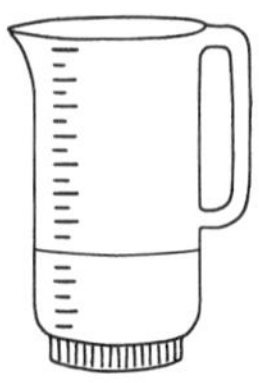 + 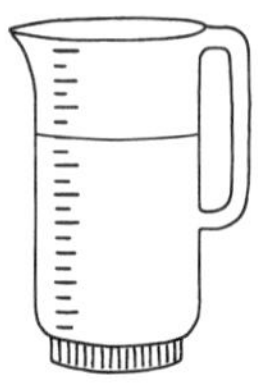 = 1 l

300 ml + 700 ml = 1 l

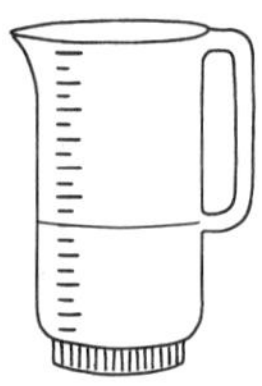 + 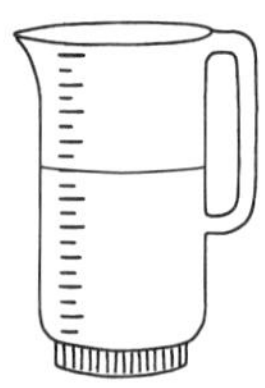 = 1 l

400 ml + 600 ml = 1 l

Lösung AB 36 Umwandeln

1 l = 1000 ml	2 l = 2000 ml	4 l = 4000 ml
$\frac{3}{4}$ l = 750 ml	1 $\frac{1}{2}$ l = 1500 ml	2 $\frac{1}{2}$ l = 2500 ml
$\frac{1}{2}$ l = 500 ml	5 l = 5000 ml	3 $\frac{1}{8}$ l = 3125ml
$\frac{1}{4}$ l = 250 ml	3 $\frac{1}{4}$ l = 3250 ml	6 l = 6000 ml
$\frac{1}{8}$ l = 125 ml	2 $\frac{1}{8}$ l = 2125 ml	7 $\frac{3}{4}$ l = 7750 ml

Lösung AB 37 Kommaschreibweise

	Liter			Milliliter			
	H	Z	E	H	Z	E	
1 l 250 ml			1	2	5	0	1,250 l
3 l 500 ml			3	5	0	0	3,500 l
5 l 200 ml			5	2	0	0	5,200 l
13 l 320 ml		1	3	3	2	0	13,320 l
25 l 850 ml		2	5	8	5	0	25,850 l
66 l 900 ml		6	6	9	0	0	66,900 l
333 ml				3	3	3	0,333 l
250 ml				2	5	0	0,250 l
100 ml				1	0	0	0,100 l
25 ml				0	2	5	0,025 l
60 ml				0	6	0	0,060 l
3 ml				0	0	3	0,003 l
5 ml				0	0	5	0,005 l

Lösung AB 38 Vergleichen

100 ml < 1 l	400 ml < $\frac{1}{2}$ l	333 ml > 0,033 l
10 ml < 1 l	250 ml < 600 ml	20 ml < 20 l
1 ml < 1 l	$\frac{1}{2}$ l ml = 500 ml	100 l > 100 ml
1000 ml = 1 l	2 l = 2000 ml	1125 ml < 1 $\frac{1}{4}$ l
0,100 ml < 1 l	1500 ml = 1 $\frac{1}{2}$ l	1125 ml = 1 $\frac{1}{8}$ l
0,010 ml < 1 l	0,250 l = 250 ml	300 ml < 300 l

Lösung AB 39 a Lieblingsgetränke

1,5 l

a) $\frac{1}{4}$ l

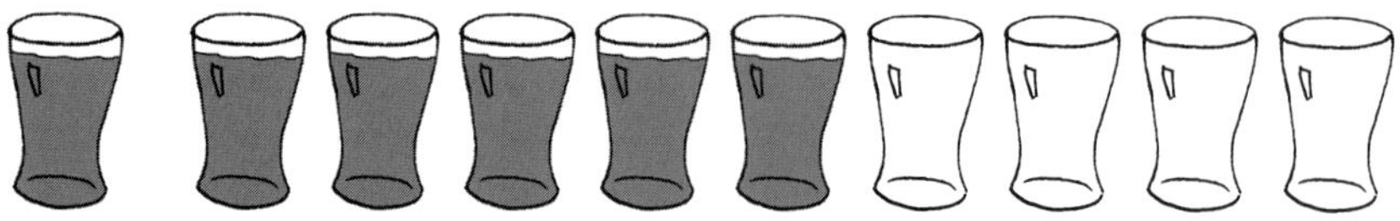

b) $\frac{1}{8}$ l

Lösung AB 39 b Lieblingsgetränke

Wie viel Milch und wie viele Bananen braucht sie?

6 · 230 ml = 1380 ml
6 · 1 = 6

Sie braucht 1380 ml Milch und sechs Bananen.

Lösung AB 39 c Lieblingsgetränke

Reicht der Cocktail für die Gäste?

300 ml + 230 ml + 350 ml + 100 ml = 980 ml
4 · 200 ml = 800 ml
980 ml – 800 ml = 180 ml

Der Cocktail reicht, es bleiben noch 180 ml übrig.

Lösung AB 39 d Lieblingsgetränke

Aus wie viel Wasser und aus wie viel Fruchtsaft besteht die Schorle?

Gesamtmenge: 12 l

Wasser:	Fruchtsaft:
12 l : 3 = 4 l	12 : 3 = 4 l
2 · 4 l = 8 l	1 · 4 l = 4 l

Die Schorle besteht aus 4 l Fruchtsaft und 8 l Wasser.

Lösung AB 39e Lieblingsgetränke

Wie viel Liter sind das?

12 · 0,75 l = 9 l
20 · 0,5 l = 10 l
6 · 1,5 l = 9 l

9 l + 9 l + 10 l = 28 l

Es sind insgesamt 28 Liter.

Lösung AB 39f Lieblingsgetränke

a) Wie viele Flaschen sind das?
b) Wie viel Flaschen Wasser zu je 0,5 l braucht sie, um die Schorle im Verhältnis 1:1 zu mischen?

Saft:
15 l = 15000 ml, 15000 ml : 750 ml = 20 = 20 Flaschen

Wasser:
15 l Wasser : 0,5 l = 30 Flaschen

Es sind 20 Flaschen Johannisbeersaft im Kasten. Zum Mischen der Schorle braucht sie 30 Flaschen Wasser.

Sachbezogene Mathematik – Größen

Gemischte Aufgaben

Förderziele und Strategien:

- Die Schüler sollen Rechenwörter verstehen und daraus die richtige Rechenoperation ableiten können.
- Die Schüler sollen wichtige von unwichtigen Informationen unterscheiden können.
- Die Schüler sollen zu Aufgaben passende Rechenfragen finden können.
- Die Schüler sollen passende Rechenoperationen zu Aufgaben zuordnen können.
- Die Schüler sollen passende Antworten zu Aufgaben finden.
- Die Schüler sollen Kapitänsaufgaben verstehen und erkennen können.
- Die Schüler sollen fehlende Angaben zur Lösung von Aufgaben erkennen können.

Materialien:

- K40/AB 40 a–e: Verzauberte Rechenwörter, S. 110–112
- K41/AB 41 a–e: Viel zu viel!, S. 115–118
- K42/AB 42 a–e: Verständnis-Check, S. 122/124
- Lösungen

Vorarbeit des Lehrers/Erarbeitung durch die Kinder:

Wiederholen und besprechen Sie für diese Einheit im Unterricht jeweils folgende Inhalte:

- Vorgehensweise beim Lösen von Rechengeschichten
- Rechenwörter erarbeiten
- Erkennen von rechenrelevanten Informationen
- Aufbau von sinnvollen Rechengeschichten erarbeiten

Bereiten Sie diese Materialien vor:

- Kapitänsaufgaben im Unterricht besprechen.
- Karteikartenkopieren, mit Lösung versehen und laminieren.

Wissenskarte

Das muss in meinen Kopf:

1. In einer Rechengeschichte verstecken sich die Rechenwörter oft. Du muss genau überlegen, ob du plus, minus, mal oder geteilt rechnen musst.
   Versuche dir die verzauberten Rechenwörter gut zu merken und markiere sie in den Aufgaben mit Textmarker.

2. Manche Rechengeschichten sind sehr lang. Oft brauchst du einige Informationen zum Lösen der Aufgabe nicht. Streiche unnötigen Text durch und lass dich nicht durcheinanderbringen.

3. Zu einer Rechengeschichte sollst du eine passende Rechenfrage finden. Dazu müssen dann die Rechnung und die Antwort passen. Überprüfe deinen Lösungsweg noch einmal am Ende der Aufgabe. Es kann auch vorkommen, dass du eine Aufgabe gar nicht lösen kannst. Diese Aufgaben heißen Kapitänsaufgaben. Manchmal fehlen auch wichtige Informationen zum Lösen.

K 40 Verzauberte Rechenwörter

AB 40 | AB 40/L

Das brauchst du:

- AB 40 a–e
- Lösungskarten, AB 40 a–e

So arbeitest du:

1. Lies die Aufgabe.
2. Unterstreiche wichtige Wörter und Zahlen.
3. Suche die Rechenfrage.
4. Löse die Aufgabe.
5. Schreibe eine passende Antwort.
6. Kontrolliere dein Ergebnis auf der Rückseite.

AB 40 a Verzauberte Rechenwörter

Schloss Gespensterstein

Das Schloss Gespensterstein besuchen täglich viele Menschen. Letzten Samstag waren es 356 am Vormittag. Am Nachmittag kamen noch 287 Besucher hinzu. Sie wurden von den 9 Rittern und 8 Gespenstern richtig gruselig erschreckt. Zum Glück nahm keiner der Besucher den Gruselgestalten ihre Späße übel. Am Abend wurden alle Besucher, Gespenster und Ritter zusammen zu einem köstlichen Mahl im Schlosssaal eingeladen.

Wie viele Personen muss die Köchin bewirten?

Tipp:

Achte auf die Rechensprache. Markiere die Wörter, die dir verraten, wie du rechnen musst.

AB 40 b Verzauberte Rechenwörter

Büroarbeit

Papa muss im Büro viele Papiere bearbeiten und abheften. Insgesamt wandern rund 850 Blätter pro Tag über seinen Schreibtisch. Die Hälfte muss er unterschreiben und weiterreichen. Die andere Hälfte heftet die Sekretärin Frau Sehrgenau ab.

Wie viele Blätter heftet die Sekretärin ab?

Tipp:

Achte auf die Rechensprache. Markiere die Wörter, die dir verraten, wie du rechnen musst.

AB 40 c Verzauberte Rechenwörter

Im Friseursalon

Friseur Haarlos schneidet pro Tag 8 Kunden die Haare. Er arbeitet die ganze Woche. Nur sonntags ist sein Geschäft geschlossen. Er hatte eine komische Woche.

Am Freitag kamen nur halb so viele Kunden wie an den übrigen Tagen. Am Samstag waren es dafür doppelt so viele.

Wie viele Kunden hatte Friseur Haarlos in dieser Woche?

Tipp:

Achte auf die Rechensprache. Markiere die Wörter, die dir verraten, wie du rechnen musst.

AB 40 d Verzauberte Rechenwörter

Ausflug

Die Klassen 3a, 3b und 3c machen einen Ausflug in den Bayernpark. Alle fahren gemeinsam im großen Doppeldeckerbus. Zuerst steigt die 3 a mit 28 Schülern und Frau Meier ein. Kurz danach steigt die 3 b mit 24 Schülern und Herrn Schmitt zu. Zum Schluss kommt die 3 c mit Frau Huber und 23 Schülern dazu. Kurz bevor der Bus startet, steigen 11 Schüler aus, um ihre Regenjacke zu holen. Der Rest wartet, bis die Reise losgeht.

Wie viele Personen warten?

Tipp:

Achte auf die Rechensprache. Markiere die Wörter, die dir verraten, wie du rechnen musst.

AB 40 e Verzauberte Rechenwörter

Rita Süß

Rita Süß trinkt täglich zwei Tassen Tee mit je drei Stück Zucker, zwei Tassen Kaffee mit je 2 Stück Zucker und fünf Gläser Tee mit je 4 Stück Zucker. In einer Woche braucht sie eine Packung Zuckerwürfel.

Wie viele Zuckerstücke sind in einer Packung?

Tipp:

Achte auf die Rechensprache. Markiere die Wörter, die dir verraten, wie du rechnen musst.

Lösung AB 40a Verzauberte Rechenwörter

Schloss Gespensterstein

Das Schloss Gespensterstein besuchen täglich viele Menschen. Letzten Samstag waren es 356 am Vormittag. Am Nachmittag kamen noch 287 Besucher hinzu. Sie wurden von den 9 Rittern und 8 Gespenstern richtig gruselig erschreckt. Zum Glück nahm keiner der Besucher den Gruselgestalten ihre Späße übel. Am Abend wurden alle Besucher, Gespenster und Ritter zusammen zu einem köstlichen Mahl im Schlosssaal eingeladen.

Wie viele Personen muss die Köchin bewirten?

356 + 287 + 9 + 8 = 660

Die Köchin muss 660 Personen bewirten.

Lösung AB 40b Verzauberte Rechenwörter

Büroarbeit

Papa muss im Büro viele Papiere bearbeiten und abheften. Insgesamt wandern rund 850 Blätter pro Tag über seinen Schreibtisch. Die Hälfte muss er unterschreiben und weiterreichen. Die andere Hälfte heftet die Sekretärin Frau Sehrgenau ab.

Wie viele Blätter heftet die Sekretärin ab?

850 : 2 = 425

Die Sekretärin heftet 425 Blätter ab.

Lösung AB 40 c Verzauberte Rechenwörter

Im Friseur Salon

Friseur Haarlos schneidet pro Tag 8 Kunden die Haare. Er arbeitet die ganze Woche. Nur sonntags ist sein Geschäft geschlossen. Er hatte eine komische Woche.
Am Freitag kamen nur halb so viele Kunden wie an den übrigen Tagen.
Am Samstag waren es dafür doppelt so viele.

Wie viele Kunden hatte Friseur Haarlos in dieser Woche?

Montag bis Donnerstag:
$4 \cdot 8 = 32$
$32 + 4 + 16 = 52$

Er schneidet 52 Kunden die Haare.

Lösung AB 40 d Verzauberte Rechenwörter

Ausflug

Die Klassen 3a, 3b und 3c machen einen Ausflug in den Bayernpark. Alle fahren gemeinsam im großen Doppeldeckerbus. Zuerst steigt die 3 a mit 28 Schülern und Frau Meier ein. Kurz danach steigt die 3 b mit 24 Schülern und Herrn Schmitt zu. Zum Schluss kommt die 3 c mit Frau Huber und 23 Schülern dazu. Kurz bevor der Bus startet, steigen 11 Schüler aus, um ihre Regenjacke zu holen. Der Rest wartet, bis die Reise losgeht.

Wie viele Personen warten?

$29 + 25 + 24 = 78$ $78 - 11 = 67$

Es warten 67 Personen im Bus.

Lösung AB 40 e Verzauberte Rechenwörter

Rita Süß

Rita Süß trinkt täglich zwei Tassen Tee mit je drei Stück Zucker, zwei Tassen Kaffee mit je 2 Stück Zucker und fünf Gläser Tee mit je 4 Stück Zucker. In einer Woche braucht sie eine Packung Zuckerwürfel.

Wie viele Zuckerstücke sind in einer Packung?

$2 \cdot 3 = 6$, $2 \cdot 2 = 4$, $5 \cdot 4 = 20$, $6 + 4 + 20 = 30$,
$30 \cdot 7 = 210$

In einer Packung sind 210 Zuckerstücke.

K 41 Viel zu viel!

AB 41 a–e; AB 41 a–e/L

Das brauchst du:

- AB 41 a–e
- Lösungskarten, AB 41 a–e

So arbeitest du:

1. Hier geht es darum, unwichtige Informationen von wichtigen Informationen zu unterscheiden.
2. Lies die Aufgabe.
3. Unterstreiche wichtige Wörter und Zahlen.
4. Suche die Rechenfrage.
5. Löse die Aufgabe.
6. Schreibe eine passende Antwort.
7. Kontrolliere dein Ergebnis auf der Rückseite.

AB 41 a Viel zu viel!

Liebeserklärung

Beim alljährlichen Turnier auf Burg Geröllstein waren wieder viele Teilnehmer anwesend. Alle freuten sich auf einen spannenden Wettkampf. Die Ritter von Burg Althausen gestanden dem Burgfräulein Rosalie 289 Mal ihre Liebe. Einige überbrachten ihr sogar eine rote Rose. Rosalie strahlte bis über beide Ohren und fühlte sich sehr geschmeichelt. Die Ritter von Burg Geröllstein waren zurückhaltender und gestanden dem Burgfräulein nur 125 Mal ihre Liebe.

Wie viele Liebeserklärungen erhielt das Burgfräulein Rosalie?

R

!

Tipp:
Streiche unnötigen Text weg. Du brauchst nur bestimmte Informationen zum Rechnen.

AB 41 b Viel zu viel!

Geisterbahn

Der 9-jährige Armin Ängstlich geht mit seinen Freunden auf den Jahrmarkt. Sie wollen unbedingt Geisterbahn fahren. Armin Ängstlich steht mit schlotternden Knien am Eingang und möchte am liebsten wieder umdrehen. Doch seine Freunde lassen nicht locker. Die wilde Fahrt beginnt. Sie kommen an zwölf Hexen mit bunten Haaren vorbei, werden von fünfunddreißig schauerlichen Vampiren beäugt und begegnen dreizehn Werwölfen. Nach 300 m ist die Fahrt endlich vorbei.

Wie viele Gestalten begegnen den Freunden in der Geisterbahn?

R

!

Tipp:
Streiche unnötigen Text weg. Du brauchst nur bestimmte Informationen zum Rechnen.

AB 41 c Viel zu viel!

Zahnarzt Bohrer

Zahnarzt Bohrer hat jeden Tag viele Patienten. Er liebt seinen Beruf, denn es gibt nichts Schöneres als Zähneziehen. Am Freitag, den 13.09., hat er um 14.00 Uhr einen ganz besonderen Patienten. Artur kommt in die Praxis. Zahnarzt Bohrer untersucht die 32 Zähne des Kindes. Artur zeigt stolz seine große Zahnlücke. 4 Milchzähne sind ihm bereits ausgefallen. Bei drei Zähnen muss Zahnarzt Bohrer kleine Löcher füllen. Die restlichen Zähne sind in Ordnung. Zahnarzt Bohrer ist traurig, weil er nicht bohren musste.

Wie viele Zähne sind in Ordnung?

Tipp:
Streiche unnötigen Text weg. Du brauchst nur bestimmte Informationen zum Rechnen.

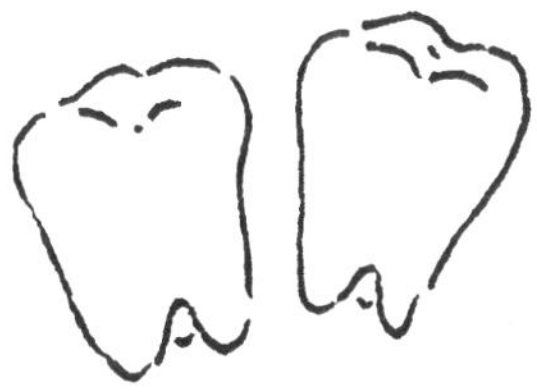

AB 41 d Viel zu viel!

Schulfest

Beim Schulfest gibt es in diesem Jahr eine Gaudi-Olympiade mit 6 verschiedenen Disziplinen. Insgesamt treten 9 Klassen an. Die Eltern stehen begeistert am Rand und feuern ihre Kinder an. Beim Tauziehen nehmen pro Klasse 11 Kinder teil. Jede Klasse möchte die Punkte bekommen und wählt die stärksten Mitschüler aus. Die drei Jungs aus der 4 a Moritz, Max und Alex haben besonders viel Kraft.

Wie viele Kinder machen beim Tauziehen mit?

Tipp:
Streiche unnötigen Text weg. Du brauchst nur bestimmte Informationen zum Rechnen.

AB 41 e Viel zu viel!

Missgeschick

Der kleine Max und seine Schwester Linda spielen in Papas Büro. Es gibt tausend Dinge zu entdecken. Besonders der Computer hat es den beiden angetan. Max hat eine Idee. „Los, spielen wir Fangen!“, ruft er seiner Schwester zu. Beide rasen durch den Raum. Beinahe hätte Linda ihren Bruder erwischt. Und da passiert es. Max rennt gegen den Schreibtisch und der Computer fällt mit einem lauten Krach auf den Boden. Papa stürmt ins Zimmer und ist fassungslos. Er schimpft lautstark und schickt die beiden auf ihr Zimmer. Jetzt muss er schnell einen neuen Computer kaufen. Das wird nicht billig. Im Geschäft sucht er sich einen PC für 3758 € aus. Er vereinbart, dass der 950 € als Anzahlung leistet und den Rest in 8 gleichen Monatsraten bezahlt.

Wie hoch ist eine Rate?

Tipp: Streiche unnötigen Text weg. Du brauchst nur bestimmte Informationen zum Rechnen.

Lösung AB 41 a Viel zu viel!

Liebeserklärung

~~Beim alljährlichen Turnier auf Burg Geröllstein waren wieder viele Teilnehmer anwesend. Alle freuten sich auf einen spannenden Wettkampf.~~ Die Ritter von Burg Althausen gestanden dem Burgfräulein Rosalie 289 Mal ihre Liebe. ~~Einige überbrachten ihr sogar eine rote Rose. Rosalie strahlte bis über beide Ohren und fühlte sich sehr geschmeichelt.~~ Die Ritter von Burg Geröllstein waren zurückhaltender und gestanden dem Burgfräulein nur 125 Mal ihre Liebe.

Wie viele Liebeserklärungen erhielt das Burgfräulein Rosalie?

289 + 125 = 414

Das Burgfräulein Rosalie erhielt 414 Liebeserklärungen.

Lösung AB 41 b Viel zu viel!

Geisterbahn

~~Der 9-jährige Armin Ängstlich geht mit seinen Freunden auf den Jahrmarkt. Sie wollen unbedingt Geisterbahn fahren. Armin Ängstlich steht mit schlotternden Knien am Eingang und möchte am liebsten wieder umdrehen. Doch seine Freunde lassen nicht locker. Die wilde Fahrt beginnt.~~ Sie kommen an zwölf Hexen mit bunten Haaren vorbei, werden von fünfunddreißig schauerlichen Vampiren beäugt und begegnen dreizehn Werwölfen. ~~Nach 300 m ist die Fahrt endlich vorbei~~.

Wie viele Gestalten begegnen den Freunden in der Geisterbahn?

12 + 35 + 13 = 60

60 Gestalten begegnen den Freunden in der Geisterbahn.

Lösung AB 41 c Viel zu viel!

Zahnarzt Bohrer

~~Zahnarzt Bohrer hat jeden Tag viele Patienten. Er liebt seinen Beruf, denn es gibt nichts Schöneres als Zähneziehen. Am Freitag, den 13.09, hat er um 14.00 Uhr einen ganz besonderen Patienten. Artur kommt in die Praxis~~. Zahnarzt Bohrer untersucht die 32 Zähne des Kindes. Artur zeigt stolz seine große Zahnlücke. 4 Milchzähne sind ihm bereits ausgefallen. Bei drei Zähnen muss Zahnarzt Bohrer kleine Löcher füllen. Die restlichen Zähne sind in Ordnung. ~~Zahnarzt Bohrer ist traurig, weil er nicht bohren musste.~~

Wie viele Zähne sind in Ordnung?

32 – 4 = 28, 28 – 3 = 25

25 Zähne sind in Ordnung.

Lösung AB 41 d Viel zu viel!

Schulfest

~~Beim Schulfest gibt es in diesem Jahr eine Gaudi-Olympiade mit 6 verschiedenen Disziplinen.~~ Insgesamt treten 9 Klassen an. ~~Die Eltern stehen begeistert am Rand und feuern ihre Kinder an~~. Beim Tauziehen nehmen pro Klasse 11 Kinder teil. ~~Jede Klasse möchte die Punkte bekommen und wählt die stärksten Mitschüler aus. Die drei Jungs aus der 4 a Moritz, Max und Alex haben besonders viel Kraft~~.

Wie viele Kinder machen beim Tauziehen mit?

$9 \cdot 11 = 99$

99 Kinder machen beim Tauziehen mit.

Lösung AB 41 e Viel zu viel!

Missgeschick

~~Der kleine Max und seine Schwester Linda spielen in Papas Büro. Es gibt tausend Dinge zu entdecken. Besonders der Computer hat es den beiden angetan. Max hat eine Idee. „Los, spielen wir Fangen!“, ruft er seiner Schwester zu. Beide rasen durch den Raum. Beinahe hätte Linda ihren Bruder erwischt. Und da passiert es. Max rennt gegen den Schreibtisch und der Computer fällt mit einem lauten Krach auf den Boden. Papa stürmt ins Zimmer und ist fassungslos. Er schimpft lautstark und schickt die beiden auf ihr Zimmer. Jetzt muss er schnell einen neuen Computer kaufen. Das wird nicht billig~~. Im Geschäft sucht er sich einen PC für 3758 € aus. Er vereinbart, dass der 950 € als Anzahlung leistet und den Rest in 8 gleichen Monatsraten bezahlt.

Wie hoch ist eine Rate?

3758 € – 950 € = 2808 € 2808 € : 8 = 351 €

Eine Rate ist 351 € hoch.

K 42 Verständnis-Check

Das brauchst du:

- AB 42 a–e
- Lösungskarten, AB 42 a–e

So arbeitest du:

1. Hier geht es um das richtige Verstehen von Aufgaben.
2. Du musst sehr genau lesen.
3. Führe dann jeweils den Arbeitsauftrag aus.
4. Kontrolliere dein Ergebnis mit der Lösungskarte.

AB 42 a Verständnis-Check

Welche Frage passt?

Familie Schmitt fährt in den Urlaub. Alle fahren mit: Mama, Papa, Ben und Laura. Sie buchen für 1 Woche und drei Tage. Am Flughafen München beginnt die Reise.

- ○ Wie war das Wetter?
- ○ Wohin ging die Reise?
- ○ Wie viele Tage dauert der Urlaub?

Lisa feiert ihren 8. Geburtstag. Ihre Schwester ist doppelt so alt und feiert mit. Lisa wünscht sich ein neues Puppenhaus und viele spannende Bücher.

- ○ Wann hat Lisa Geburtstag?
- ○ Wie alt ist die Schwester?
- ○ Wie viele Gäste kommen zur Party?

Mona bekommt ein neues Federmäppchen. Es ist lila mit vielen Sternen. Sie hat genügend Platz für ihre 10 Buntstifte, die 14 Filzstifte, den Füller und den Bleistift, sowie das Lineal und den Radiergummi.

- ○ Wo kauft Lisa das Mäppchen?
- ○ Wie viele Stifte passen in das Mäppchen?
- ○ In welche Klasse geht Lisa?

AB 42 b Verständnis-Check

Welche Rechnung passt?

Großbrand im Gewerbegebiet Neustadt. In der Feuerwehr werden 5 Schläuche zusammen gesteckt. Jeder Schlauch ist 15 m lang. Wie lang ist die Schlauchkette?

- ○ 5 m + 15 m =
- ○ 15 m : 5 m =
- ○ 15 m · 5 m =

In der Bäckerei Frisch gibt es täglich frische Backwaren. Besonders die Brezeln sind sehr begehrt. Am Morgen liegen 150 Brezeln in der Theke. Am Nachmittag kommt die zweite Lieferung mit 320 Brezeln. Wie viele Brezeln sind es insgesamt?

- ○ 150 + 320 =
- ○ 320 − 150 =
- ○ 320 : 2 =

Ben kauft sich von seinem Taschengeld ein neues Spiel und ein Buch. Er hat 98 € dabei. Das Spiel kostet 56 € und das Buch 8 €. Wie viel Geld hat er noch?

- ○ 98 € + 56 € + 8 €
- ○ 98 € − 56 € − 8 €
- ○ 56 € − 8 € + 98 €

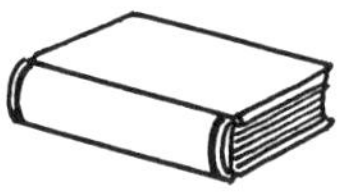

AB 42 c Verständnis-Check

Welche Antwort passt?

Bauer Huber füttert seine Schweine täglich mit 100 kg Kartoffeln. Er bestellt immer eine Wochenration.

- ○ Bauer Huber ist 40 Jahre alt.
- ○ Bauer Huber braucht in einer Woche 700 kg Kartoffeln.
- ○ Bauer Huber braucht 1 Stunde und 20 Minuten zum Füttern.

Der Müller hat 60 Getreidesäcke zu je 10 kg auf seinem Wagen geladen. Das zulässige Gesamtgewicht darf 700 kg nicht überschreiten.

- ○ Die Säcke wiegen 600 kg.
- ○ Das Mahlen der Getreidekörner dauert 2 Stunden.
- ○ Für jeden Sack Mehl bekommt der Müller 9 €.

Frau Meier hat 25 Hennen. Jede legt am Tag 2 Eier.

- ○ Frau Meier hat 50 Eier am Tag.
- ○ Frau Meier muss sich noch 30 Hennen dazu kaufen.
- ○ An drei Tagen hat Frau Meier 150 Eier.

AB 42 d Verständnis-Check

Welche Aufgaben kannst du lösen?

- ○ Kati hat 10 Kekse gegessen. Ihre Schwester das Doppelte. Wie viele Kekse hat Katis Schwester gegessen?
- ○ In einer Schäferei gibt es 125 Schafe und 5 Hunde. Wie alt ist der Schäfer?
- ○ Ronja ist genau halb so alt wie ihr älterer Bruder Tim. Wie alt ist Ronja?
- ○ Tom spart jeden Monat 10 €. Er möchte sich ein Computerspiel kaufen. Wie lange muss er noch sparen?

AB 42 e Verständnis-Check

Hier fehlt noch was!

Für die Geburtstagsparty kauft Lena 3 Packungen Schaumküsse. Eine Packung kostet 2,30 €. Wie viele Schaumküsse sind das?

- ○ Gesamtpreis der Schaumküsse
- ○ Anzahl der Schaumküsse in einer Packung
- ○ Preis pro Packung Schaumküsse

Marie lernt ein Gedicht auswendig. In zwei Minuten schafft sie eine Zeile. Wie lange braucht Marie, bis sie das Gedicht auswendig gelernt hat.

- ○ Anzahl der Zeilen des Gedichtes
- ○ Zeitpunkt, an dem Marie mit dem Lernen begonnen hat
- ○ Zeitpunkt, an dem Marie mit dem Lernen fertig ist

Der Clown Pimpone braucht zwischen den einzelnen Kunststücken 4 Minuten zum Umziehen. Er hat in der Woche drei Vorstellungen. Wie oft zieht sich der Clown pro Woche um?

- ○ Anzahl der Vorstellungen
- ○ Anzahl der Kunststücke
- ○ Besucherzahl

Lösung AB 42a Verständnis-Check

Welche Frage passt?

Familie Schmitt fährt in den Urlaub. Alle fahren mit: Mama, Papa, Ben und Laura. Sie buchen für 1 Woche und drei Tage. Am Flughafen München beginnt die Reise.

○ Wie war das Wetter?
○ Wohin ging die Reise?
⊗ Wie viele Tage dauert der Urlaub?

Lisa feiert ihren 8. Geburtstag. Ihre Schwester ist doppelt so alt und feiert mit. Lisa wünscht sich ein neues Puppenhaus und viele spannende Bücher.

○ Wann hat Lisa Geburtstag?
⊗ Wie alt ist die Schwester?
○ Wie viele Gäste kommen zur Party?

Mona bekommt ein neues Federmäppchen. Es ist lila mit vielen Sternen. Sie hat genügend Platz für ihre 10 Buntstifte, die 14 Filzstifte, den Füller und den Bleistift sowie das Lineal und den Radiergummi.

○ Wo kauft Lisa das Mäppchen?
⊗ Wie viele Stifte passen in das Mäppchen?
○ In welche Klasse geht Lisa?

Lösung AB 42b Verständnis-Check

Welche Rechnung passt?

Großbrand im Gewerbegebiet Neustadt. In der Feuerwehr werden 5 Schläuche zusammen gesteckt. Jeder Schlauch ist 15m lang. Wie lang ist die Schlauchkette?

○ 5 m + 15 m =
○ 15 m : 5 m =
⊗ 15 m · 5 m = 75 m

In der Bäckerei Frisch gibt es täglich frische Backwaren. Besonders die Brezeln sind sehr begehrt. Am Morgen liegen 150 Brezeln in der Theke. Am Nachmittag kommt die zweite Lieferung mit 320 Brezeln. Wie viele Brezeln sind es insgesamt?

⊗ 150 + 320 = 470
○ 320 − 150 =
○ 320 : 2 =

Ben kauft sich von seinem Taschengeld ein neues Spiel und ein Buch. Er hat 98 € dabei. Das Spiel kostet 56 € und das Buch 8 €. Wie viel Geld hat er noch?

○ 98 € + 56 € + 8 € =
⊗ 98 € − 56 € − 8 € = 34 €
○ 56 € − 8 € + 98 € =

Lösung AB 42 c Verständnis-Check

Welche Antwort passt?

**Bauer Huber füttert seine Schweine täglich mit 100 kg Kartoffeln.
Er bestellt immer eine Wochenration.**

○ Bauer Huber ist 40 Jahre alt.
⊗ Bauer Huber braucht in einer Woche 700 kg Kartoffeln.
○ Bauer Huber braucht 1 Stunde und 20 min zum Füttern.

**Der Müller hat 60 Getreidesäcke zu je 10 kg auf seinem Wagen geladen.
Das zulässige Gesamtgewicht darf 700 kg nicht überschreiten.**

⊗ Die Säcke wiegen 600 kg.
○ Das Mahlen der Getreidekörner dauert 2 Stunden.
○ Für jeden Sack Mehl bekommt der Müller 9 €.

Frau Meier hat 25 Hennen. Jede legt am Tag 2 Eier.

⊗ Frau Meier hat 50 Eier am Tag.
○ Frau Meier muss sich noch 30 Hennen dazu kaufen.
⊗ An drei Tagen hat Frau Meier 150 Eier.

Lösung AB 42 d Verständnis-Check

Welche Aufgaben kannst du lösen?

⊗ Kati hat 10 Kekse gegessen. Ihre Schwester das Doppelte. Wie viele Kekse hat Katis Schwester gegessen? $10 \cdot 2 = 20$
Katis Schwester hat 20 Kekse gegessen.

○ In einer Schäferei gibt es 125 Schafe und 5 Hunde. Wie alt ist der Schäfer?

○ Ronja ist genau halb so alt wie ihr älterer Bruder Tim. Wie alt ist Ronja?

○ Tom spart jeden Monat 10 €. Er möchte sich ein Computerspiel kaufen. Wie lange muss er noch sparen?

Lösung AB 42 e Verständnis-Check

Hier fehlt noch was!

Für die Geburtstagsparty kauft Lena 3 Packungen Schaumküsse. Eine Packung kostet 2,30 €. Wie viele Schaumküsse sind das?

- ○ Gesamtpreis der Schaumküsse
- ⊗ Anzahl der Schaumküsse in einer Packung
- ○ Preis pro Packung Schaumküsse

Marie lernt ein Gedicht auswendig. In zwei Minuten schafft sie eine Zeile. Wie lange braucht Marie, bis sie das Gedicht auswendig gelernt hat?

- ⊗ Anzahl der Zeilen des Gedichtes
- ○ Zeitpunkt, an dem Marie mit dem Lernen begonnen hat
- ○ Zeitpunkt, an dem Marie mit dem Lernen fertig ist

Der Clown Pimpone braucht zwischen den einzelnen Kunststücken 4 Minuten zum Umziehen. Er hat in der Woche drei Vorstellungen. Wie oft zieht sich der Clown pro Woche um?

- ○ Anzahl der Vorstellungen
- ⊗ Anzahl der Kunststücke
- ○ Besucherzahl

AB 43 Sachaufgabenschieber

Die Karten kopieren, evtl. laminieren, lochen und mit einer Musterbeutelklammer hintereinander befestigen.

○ So löst du Sachaufgaben!	○ 1. Ich lese die Aufgabe genau durch. 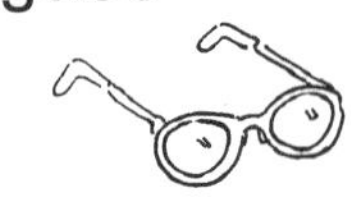
○ 2. Ich unterstreiche wichtige Wörter und Zahlen. 	○ 3. Ich suche die Rechenfrage. 
○ 4. Ich löse die Aufgabe! 	○ 5. Ich suche eine passende Antwort auf die Rechenfrage.

AB 44 Rechenwörter

+

Plusrechnen: Addieren
- einsteigen
- dazukommen
- mehr werden
- addieren
- dazuzählen
- ...

–

Minusrechnen: Subtrahieren
- weggehen
- verlassen
- weniger werden
- abziehen
- verringern
- vermindern
- verkleinern
- ...

•

Malrechnen: Multiplizieren
- je/pro
- verdoppeln
- vervielfachen
- x-Mal
- ...

:

Teilen: Dividieren
- aufteilen
- verteilen
- halbieren
- die Hälfte
- ...